ちくま文庫

日本人宇宙飛行士

稲泉連

筑摩書房

目次

日本人宇宙飛行士

プロローグ

冬の澄んだ空に月が明るく輝いている。輪郭をほんの少しぼんやりと霞ませ、表面の模様がくっきりと見える。そんな月をふと見上げるとき、私は立花隆著『宇宙からの帰還』のことをよく思い出す。

有人宇宙開発におけるアポロ計画などで地球軌道の外に出たり、月に降り立ったりした宇宙飛行士たちの「宇宙体験」を聞き取ったこのノンフィクション作品を読んだのは、二〇歳になろうとする一〇代後半の頃のことだった。

神奈川県の公立高校を一年生のときに中退した私は、大学入学資格検定を経て東京の大学の夜間部に入った。それまで高校に行かず、近所の個人塾と自宅を往復するだけの日々を送っていた当時の私の世界はとても狭く、宇宙や月への旅について描かれたその内容がなおさら胸に強く響いたのかもしれない。

帰還後の宇宙飛行士の様々な選択の背景に、彼らの宇宙体験がどのようにかかわっていたか。キリスト教の伝道師になった者、心を病んだ者や実業家、政治家に転身した者など、立花氏は多くのアメリカ人宇宙飛行士から話を聞いていた。

本の記述は宇宙での活動に関する技術的なテーマから、それぞれの宇宙飛行士の宗教観や赤裸々なプライベートまで多岐にわたる。そのなかで私の心に何より焼き付いてその後も離れなかったのは、彼らが口々に語る宇宙空間から見る地球の美しさについての描写だった。

例えば、ジム・アーウィンという宇宙飛行士は月の軌道にたどり着いたとき、窓から見える地球を〈マーブルの大きさ〉と表現していた。

伝道師になった彼は講演やインタビューのときのために〈大きめのビー玉〉くらいのマーブルを実際に持参しており、神の存在を語るにあたって、それを立花氏に指し示して言うのだ。

〈それが暗黒の中天高く見える。美しく、暖かみをもって、生きた物体として見える。空気がないせいか、その距離にもかかわらず、手をのばすとすぐさわれるくらいの近さに感じる。そして指先でちょっとつまんだら、こわれてバラバラの破片になってしまうのではないかと思われるくらい弱々しい。

地球を離れて、はじめて丸ごとの地球を一つの球体として見たとき、それはバスケットボールくらいの大きさだった。それが離れるに従って、野球のボールくらいになり、ゴルフボールくらいになり、ついに月からはマーブルの大きさになってしまった。

はじめはその美しさ、生命感に目を奪われていたが、やがて、その弱々しさ、もろさを感じるようになる。感動する。宇宙の暗黒の中の小さな青い宝石。それが地球だ〉

アポロ15号で月に行った彼のこのような言葉は、とても感動的で印象に残った描写の一つだった。

地球の美しさは写真とは全く異なり、実際に見た者でなければ絶対に分からない、と彼らは口をそろえていた。

立花氏は宇宙飛行士たちのそうした証言を〈実体験した人のみがそれについて語りうるような体験〉であるとし、最後に〈彼らにインタビューしながら、私は自分も宇宙体験がしたいと痛切に思った〉という取材者としての気持ちを吐露していた。以来、本書を再読する度に私も同様の気持ちを抱き、ノンフィクションを読むという体験の素晴らしさを感じ続けてきた。

この作品が上梓されたのは一九八三年。ＴＢＳの特派員記者・秋山豊寛（とよひろ）が日本人として初めて宇宙に行ったのは、それから七年後の一九九〇年である。さらに後のＪＡＸＡである宇宙開発事業団（ＮＡＳＤＡ）の宇宙飛行士・毛利衛（まもる）による一九九二年の初飛行からも、すでに四半世紀のときが流れた。いまでは多くの日本人の宇宙飛行士が誕生している。

私が彼らのもとを訪れてみたいと思ったのは、一九七九年生まれの自分とも近い世代の日本人が、すでに宇宙でのミッションを行ない始めているからだった。日本の社会で生まれ育ち、その風土を背景に持つ日本人宇宙飛行士は、自身の体験をどのようなものとして持ち帰ったのか。そして、その体験は彼ら自身の世界認識にとって、どのような「意味」を持つことになったのだろう――。宇宙から地球を見つめた飛行士たちの言葉は、地表に生きる私たちが世界を捉える上でも、様々な新しい視点を与えてくれるはずである。

この本では現時点（二〇一九年）で宇宙に行った全一二人のインタビューを行なった。まずはいまから約三〇年前、日本人として初めて宇宙に行った男のもとを訪ねよう。

第1章

この宇宙で最も美しい夜明け

——秋山豊寛の見た「危機に瀕する地球」

小惑星探査機「はやぶさ2」搭載カメラ ONC-T による撮像

地球と宇宙のはざまの〝青〟

低軌道と呼ばれる地上四〇〇キロメートルの高さを周回する宇宙飛行士は、地球のいくつかの時間帯を一望に見渡すことができる。

大地の片側が茜色に染まり始め、それが徐々に薄い墨色になり、ついには背後に広がる宇宙の濃密な闇に溶けていく……。

薄い大気の境目で漆黒が深い青へと変化していくグラデーションには、それこそ息を飲むような美しさがあるという。

一九九〇年一二月九日、八日間にわたった宇宙飛行の最終日、秋山豊寛はソ連（当時）の宇宙ステーション「ミール」の個室の窓から、地球のそんな美しさにただただ見惚れていた。TBSの「宇宙特派員」として日本人初の宇宙飛行に挑んだ彼にとって、ジャーナリストとして忙(せわ)しない中継を終えた最後の三時間は、自分のためだけに地球を眺められた唯一の時間だった。

「あのとき、僕はガガーリンの言った「地球は青かった」という言葉の意味を考えていました」

と、彼は振り返る。

「宇宙から見る地球が青く見えるのは、科学的には青の波長が大気中で拡散しているからです。その状態を宇宙から見ると、大気の濃い部分はコバルトブルーなのですが、その色が地球の縁から宇宙に向かっていくと、背景の永遠とも思えるような漆黒と混ざり合い、青さがどんどん濃くなっていく。そのグラデーションが本当にうっとりするような美しさでした。なるほど、地球の青さというのは、地球自体が青いのではなく、地球と宇宙との境目の美しさを指すのか、と実感したんです」

そうして地球を見つめていて彼が最も圧倒されたのは、九〇分に一度やってくる夜明けの瞬間だった。

とりわけ真っ暗な夜の地球の向こう側から太陽が現れる際の色彩の変化は、地上では決して見られないものだと感じた。

「こんなことを言うと、宇宙に行って頭が変になったんじゃないか、いい加減なことを言っているんじゃないかと思われると感じて、当時は言わなかったんだけれど……」

少しきまり悪そうに断ってから、秋山はその瞬間の光景を次のように表現した。

「太陽が地表のすれすれを照らし出すとき、恐らく青い波長の光が最初に拡散して、次の赤い波長の光だけが残っているんだと思うんだけれど、水平線というか地平線に当たる部分が本当に深紅に輝くんですよ。で、「あ、夜明けだ」と思った瞬間、深紅に染まった縁の部分が一気に真っ白になる。その一瞬は本当に頭がガーンとして、色が音になってワーっと響きながら迫ってきた、と感じたくらいでした。本当に様々な色の全てが音になって、心地好い音楽のように自分の身体に入ってくるような気がしたんです」

場所は東京駅直下の「東京ステーションホテル」のロビーラウンジ。日本人初の宇宙飛行から三〇年近くが経ち、すでに七五歳（取材当時）となる彼はそのときの光景をまるで昨日の出来事であるかのように語った。

初の日本人宇宙飛行士の実像

一九九〇年一二月に九日間の宇宙飛行を経験した秋山が、帰還してから四年ほどでTBSを辞め、福島県へ移住して農業を始めたことはよく知られる。

その後は「あぶくま農業者大学校」を主宰し、無農薬栽培で米や野菜を作りながら講演活動などを行なっていたものの、二〇一一年三月一一日の東日本大震災による福島第一原子力発電所の事故によって福島を離れた。翌年に京都府へと移住した彼は、やはり農業をしながら暮らしている――という。

そんな経歴から、私は秋山について「宇宙に行ってエコロジストになった生真面目な人物」といったイメージを当初は抱いていた。

だが、実際にホテルのラウンジで会ってみると、その予想は見事に裏切られた。秋山にはイデオロギーを振りかざすような堅苦しさはなく、むしろ元テレビ業界の人ならではの良い意味でのノリの軽さというか、自らの好奇心や気持ちに従いながら、いかに生きたいように生きるかを追求している自由人の趣が感じられた。

日本人の宇宙飛行士のなかで、民間人のジャーナリストとして宇宙飛行をした秋山は、日本ではもちろん世界的にもかなり特異な存在だといえるだろう。

「もともと宇宙開発というのは、国家の安全保障のために組み立てられたものでしょ。僕の乗ったソユーズロケットだって、大陸間弾道弾のかわりに人間を乗っけているようなものだしね。だから、アメリカの宇宙飛行士も当時のソヴィエトの宇宙飛行士も、その多くは軍人だったわけです。国を守るとか、ナショナリスティックなものの延長線上に宇宙開発という現実があって、戻ってきたときは英雄だというのが前提だったんだね」

屈託なくそう語った秋山は、「地球が青かった」と言ったガガーリンのエピソードにも触れた。『宇宙からの帰還』にも書かれているが、ガガーリンは有名なこの言葉の他にも、「天には神はいなかった。周りをどれだけ見渡しても神は見当たらなかった」なる言葉を残している。

この発言は西側諸国からの大きな反発を呼び起こした。その理由は「神はいなかった」という言葉の背後に〈無神論コミュニズムのアメリカ・キリスト教文化への挑発的言辞〉(『宇宙からの帰還』)という意図が読み取れたからだった。

「アメリカの宇宙飛行士のほとんどはクリスチャンですからね。彼らが宇宙に行って「神が傍にいる」と感じたのは、そう言わなければ社会から見放される恐れがあったから、というのも背景にあったわけだ」

こうした話をあくまでも気さくに続ける秋山は、一九七九年生まれの私にとって、子供の頃の記憶に強く残る「宇宙飛行士」である。

TBS創立四〇周年記念事業

当時、一〇歳の小学生だった私は、家族とともに自宅で彼の宇宙からの中継を食い入るように見たものだった。

いまでもとりわけ印象に残っているのは、生中継のなかで彼がミールの丸い小さな窓にへばりつくようにして、その目に映る地球の光景を説明する様子だ。

彼は地球の美しさや尊さを繰り返し語っていた。だが、私の見ている映像はただのテレビ画面に過ぎず、秋山がなんとかして伝えようとする地球の美しさは、どうイメージを膨らませても実感できなかった。画面の向こう側とこちら側には否応のない壁があり、その埋めようのないギャップを意識すればするほど、「彼がいまあの場所で見ている光景は、肉眼ではいったいどれほど綺麗で素晴らしいものなのだろう」という思いが子供心に湧いてきたのだった。

では、その秋山豊寛にとってTBSを辞め、自らの人生をがらりと変える選択のきっかけとなった宇宙体験とはいま、どのようなものとして記憶されているのか。

そのことについて私は質問を重ねたわけだが、まずは彼の宇宙飛行を取り巻いていた時代状況や彼が宇宙へ行くことになった経緯を、ここであらためて確認しておく必要があるだろう。

当時、TBSが記者を宇宙へと送り込んだのは、創立四〇周年の記念事業の一環としてだった。

この企画は、ペレストロイカの最中にあったソ連側は外資を獲得し、TBS側はジャーナリストを宇宙に送り込むという、双方の利害が一致したことで実現。総費用は約五〇億円にも上ると伝えられた（秋山の乗るソユーズロケットには、スポンサーとなる日本企業のロゴがいくつも貼られた）。

「考えてみれば、当時のアメリカはソ連の崩壊によって、宇宙開発の技術が拡散するのを恐れていたはずです。だから、彼らの技術をどうにかして支える必要があったのではないか。そういうアメリカの国家安全保障上の要請と、ソヴィエト当局との思惑がどこかで一致した先で、僕らのプロジェクトが実現可能になったと考えると辻褄が合うような気がするね。なぜあの計画が可能だったのかについては、いまでも強い興味が僕のなかにある。対ソ冷戦勝利後のアメリカの戦略の文脈のなかにあの計画もあったのだとすれば、僕もアメリカ外交の掌の上で踊るダンサーの一人だったのかもしれないんだよな、って」

自身の宇宙旅行の「意味」をそのように推理しながら、彼はいかにも好奇心に満ちた表情を浮かべた。

日ソ共同での宇宙飛行プロジェクトを発足させたTBSは、一九八九年三月に契約の調印に至る。そんななか、社内で「宇宙特派員」の募集が行なわれ、九八名の応募者から選ばれたのが秋山と菊池涼子の二人であった。

「実はあの試験のときね、最後の七人に絞り込む段階で僕は一度、落とされているんだ。でも、菊池以外の六人がそのあとダメになっちゃって、敗者復活でまた僕に声がかかったの。そのとき関係者から話を聞いたところ、外信部時代から仕事で付き合いのあった米原万里さんが、方々でこう言ってくれていたって言うんです。「あの男はものすごく性格が悪くて一筋縄じゃいかない」って。

僕は万里さんとは何故か気が合って仲がよかったんだけれど、その辺りが彼女のすごいところでね。試験をするロシア人の医者っていうのは、素直で可愛くて協調性がある、なんて評判は信じない。でも、性格が悪いとかずる賢いといった評判を聞くと、その人のことが気になってしょうがないらしいんだ。それで候補者のなかに入れてくれた、みたいな話だったなァ」

秋山はこうした秘話めいたエピソードを冗談めかして語る。

社内での特派員候補の募集が始まった頃、前年までの四年間をワシントン支局長として過ごした彼は、外信部のデスクに異動したばかりだった。自著『宇宙特派9日間』によれば、その頃の日々は〈煙草は両切りのピースを毎日四〇本は欠かさずに吸い、酒もバーボンをストレートで毎日五〜六杯は飲む〉という状態で、海外ニュースを担当する外信部の性格上、仕事の時間も昼夜逆転の不規則なものだったという。運動をする機会もほとんどなく、要するに彼は宇宙飛行士に向いていないとまでは言わなくとも、当時としては一般的だった「宇宙飛行士」の英雄的なイメージとはかけ離れた人物であったのだ。

テレビジャーナリズムへの思いが秋山を宇宙へ駆り立てた

だが、秋山は自らそのことを自覚してなお、宇宙特派員の募集にすぐさま応募した。その理由は、「生中継こそがテレビの力が最も生きる、という考えが僕のなかにあったから」だった。

秋山がTBSに入社したのは、東京オリンピック開催の二年後の一九六六年である。一九四二年生まれの彼にとって、メディアと言えばまず思いつくのはラジオだった。テレビは海のものとも山のものともつかない「まだ分からない存在」で、「大宅壮一の「一億総白痴化」とか、「電気紙芝居」なんて呼ばれたりしていた時代だった」と彼は懐かしむように話す。

だが、その頃からテレビメディアの存在感は急速に増していった。三万円程度だった初任給は年を追うごとに跳ね上がり、彼は七〇年代以降の業界の勃興の渦中で二〇代から三〇代を過ごしていく。

生中継こそテレビが最も力を発揮する手法だという確信を得たのは、外信部に異動になった二年後の「あさま山荘事件」がきっかけだった。

連合赤軍が軽井沢の山荘に人質とともに立てこもったこの事件は、膠着状態から機動隊の突入による制圧までの一部始終が中継され、九〇パーセントという凄まじい高視聴率を記録した。

いわば全国民が「テレビ」によって一つの事件に釘付けになり、同じ時間を共有する様子をマスコミの一員として体験しながら、彼は「次に何が起こるか分からない状況に置かれたとき、人の脳はいちばん興奮するんだ。それを実現するメディアがテレビなんだ」と思ったのである。

「何も起こらなくても、何かが起こりそうだという理由でテレビは見られる。いままでもスポーツ中継がそれなりの数字を取れるのは、結果が分からないからでしょう。結果が分からないことこそが、大多数の人の脳を刺激して興奮させる。『8時だヨ！全員集合』だって中継だったわけで、そのなかで舞台がうまく回るようにみんなで知恵を絞った。ときどきボロが出るのも、だからこそ面白かった。

要するにあの頃の僕らの共通認識には、常に「生放送で自分たちが何を提供できるか」という問いがあったんです。ベトナム戦争の最中にも中継車を現地に持ち込んで、戦争を中継しようなんていう企画もあったくらいで、僕もそのメンバーの一人だったんだから」

テレビジャーナリズムにおけるこうした問題意識を背景に持っていた秋山は、ロシアから「特派員」を宇宙に送るという計画を聞いたとき、居ても立ってもいられない気持ちになった。

時代はまさにバブル期で、数十億円という莫大な予算をかけた企画を実行する資金力がテレビ局にはあった。宇宙からの生中継は彼にとって「究極の生中継」と確かに感じられたし、民間のメディア企業が宇宙船からの中継技術を一から作り上げるのも果敢な挑戦であると思えた。

「宇宙特派員」の誕生

「テレビ屋として当然、やってみたい。手を挙げないという選択肢はなかった」

「宇宙特派員」に選ばれた秋山は、ＴＢＳと旧ソ連との契約が調印された半年後、モスクワ郊外の「星の街」にある宇宙飛行士の訓練施設へ赴任。約一年間の訓練を受けた上で、カザフ共和国（現・カザフスタン）のバイコヌール基地からソユーズで宇宙へと飛び立った。

結果的に秋山が当初考えていた通り、宇宙からの生中継は日本社会に大きなインパクトを与えた。TBSの特別番組『日本人初！　宇宙へ』は連日、彼の中継を生放送で伝え、打ち上げ時の視聴率は三五パーセントを超えた。

例えば、彼がソユーズで宇宙に飛び立った日から、新聞各紙は「日本人初」の宇宙飛行の始まりを大きく伝えている。TBSと関係の深い毎日新聞だけではなく、読売新聞も一九九〇年一二月三日付朝刊で、

〈TBS　秋山記者が日本人初の宇宙飛行　ソ連宇宙船打ち上げ〉

と一面で報じ、さらには別頁で〈ソユーズの秋山さん　いま日本人が回っている　感激の〝宇宙リポート〟〉との見出しで打ち上げ時のドキュメントを事細かに報じている。

毎日新聞の社説や「余禄」、朝日新聞のコラム「天声人語」などのテーマにもなり、なかには国民的なイベントである日本人初の宇宙飛行が、TBSという一企業による「商売」に利用され過ぎているのではないか、といった批判もあった。

打ち上げから九日目の帰還についても、〈おかえりなさい秋山宇宙特派員〉（読売新聞「よみうり寸評」）、〈仕事漬け190時間　TBS宇宙特派員の秋山さん帰還〉（朝日新聞）など各社が一斉に大きく報じており、彼の宇宙飛行が社会的に相当に高い注目度であったことが当時の新聞を読むとよく分かる。

本当は「日本人初」のはずではなかった

ところで、当初は「日本人初」の宇宙飛行を行なうのは、秋山ではなくNASDAの宇宙飛行士である毛利衛のはずだった。

しかし、一九八六年に起きたチャレンジャー号の爆発事故により、アメリカでのスペースシャトル計画は事故の原因究明の必要に迫られ、二年後に予定されていた初飛行は延期されてしまう。

そのため、民間企業の四〇周年記念事業である宇宙プロジェクトで宇宙飛行をした秋山は、本人の意図とは関係なく「日本人初」の称号を得ることになった。自ずとマスメディアでの扱いも大きくなり、「TBSの秋山さん」は図らずも時代の寵児となってしまったのだ。

「ただ、一番とか二番というのは結果論に過ぎなくてね。僕としては何より宇宙から中継ができるというのが大事で、そこに価値は置いてはいませんでした。でも、世間は大騒ぎでさ、僕と菊池が候補に選ばれたとき、記者会見をするというからスーツを着て現場に行ったんだ。そうしたら、会社がヘルメットや宇宙服まがいの衣装を用意していて、「これを着て出ろ」と言われたときは、あちゃー、と思いましたよ。でも、候補は二人いるから抵抗すると外されるかもしれないとも思って、仕方ないから着たんです。「そうか、俺はこれまでの取材する立場から、取材される立場になるんだな」と気付いた瞬間でしたね」

宇宙から地球に戻った彼は日本に帰国すると、すぐに『宇宙からの帰還』の著者・立花隆からの取材も受けている。

その際は掲載誌である『文藝春秋』が伊豆に温泉宿を用意し、三日間にわたって延々とインタビューが続けられたという。

「それだけでは話し終わらなくて、その後も何度かホテルに閉じ込められてインタビューが続いたんですよ。文春の人から「立花さんは秋山さんから最後の一滴まで絞り尽くすつもりですよ」と言われましてね。僕もジャーナリストなわけだから、「冗談じゃない。ここで全部絞り尽くされたら俺が書くことがなくなっちゃうじゃないか」

とあのときは思ったものでした」

だが、秋山は言葉通り立花から「最後の一滴まで絞り尽く」され、宇宙飛行から戻った約一年後には『宇宙よ　秋山豊寛との対話』という大部の本が出版された（秋山自身も前掲書のような手記を書いているが、私が取材を申し込んだ際、本人から「読んでおいてほしい」と指定されたのは『宇宙よ』の方であった）。

このように現在とは比べものにならないほどの注目を受けながら、秋山は日本人初となる宇宙飛行に臨んだのである。

第一声は「これ、本番ですか？」

秋山が宇宙に飛び立ったのは一九九〇年一二月二日。

バイコヌール基地からソユーズで打ち上げられ、周回軌道に乗りはじめた彼が中継の第一声として発したのが「これ、本番ですか？」という言葉だ。

これはアナウンサーの松永邦久のスタジオからの呼びかけに答えたもので、「一〇秒後に呼びかけます」という事前の通信よりも少し早目に声がしたため、思わず発してしまったものだという。

この第一声は秋山の宇宙飛行の逸話としてよく語られるものだが、思えば「生放送は何が起こるか分からないからこそ面白い」という彼の考えを、図らずも自ら証明するハプニングであったといえるだろう。

さて、秋山はそうして始まった宇宙飛行について、「ジャーナリストとして宇宙体験をありのままに伝えること」を自らのテーマにしていた。

彼は「脳がむくんでいるんじゃないか」と感じるほどの酷(ひど)い宇宙酔いに悩まされたのだが、

「その宇宙酔いの話などは、特に意識してレポートしました。あの頃の宇宙飛行士というのは元軍人がほとんどで、世の中からは英雄とされる人でしょ。だから、「宇宙酔いで大変だった」みたいな話を、彼らはあまり公に語らないところがあったと思うんです。一方で、僕はジャーナリストとして宇宙に行くのだから、宇宙空間での体験をありのままに伝えるのが自分の役割だと思っていた。要するに僕は〝英雄〟を志さない最初の宇宙飛行士だったといえるかもしれません」と、語る。

帰還前の三時間

ただ、三〇年近い歳月を経たいま、彼の心に焼き付いたまま離れないのは、前述のように「帰還前の三時間」に見た光景だ。

日数にしてわずか一週間ほどの宇宙滞在を振り返るとき、彼の記憶の大部分にあるのはテレビ中継の準備やレポートに奔走していた、という忙しさだった。

連日の地上へのレポート、実験に使うカエルの世話、スポンサーとなった企業のCM撮影、番組のスタジオゲストとの交信、バックアップ用の動画撮影——とスケジュールは分刻みで、番組からの要望で俳句まで作らされた。無重力状態への驚きや宇宙酔いに翻弄されながらの「宇宙特派員」としての仕事は、兎にも角にも時間に追われて気の休まる暇がなかった。

実際、帰還後の会見で彼は〈ジャーナリズムではなく、テレビ番組を作っていたのかな〉と語り、〈自分が変わったことはあるか〉との質問に対しては、〈1人でゆっくり考える時間があれば変わったかもしれないが、実際は仕事、日常生活の延長だった〉との感想を吐露している（朝日新聞一九九〇年一二月一一日付）。

だが、ミールへの八日間の滞在の最後の〝夜〟には、実は三時間ほどの「ぼんやりと過ごせる時間」が彼にはあったのである。

「こんな光景は二度と見られないんだろうな……」

そう思った秋山は眠る時間が惜しいと感じ、ミール内に用意されていた自分の部屋から窓の外を眺めていた。

「仕事と離れた時間でしたね。「人間ってどこから来てどこに行くんだ」なんていう言葉がありますけど、そんなのがフッと浮かんできたりとかね。「俺は一体このあとどうすればいいんだろうか?」とか、「人間ってどういう存在なんだろうか?」っていう、そういう考えが次々に言葉になって浮かんでくるという良い時間でした。

だからきっと宇宙観光旅行に行きたいという人も、そういう体験をできるんじゃないかなという気がします。仕事と離れて宇宙や地球を見たらね。仕事をやっていると、やっぱりこれを撮るべきだとかあれを撮るべきだとか、さっきのはもうちょっと早く回し始めれば良かったとか、そんなことばっかり考えちゃうから」

テレビのための仕事から離れてプレッシャーから解放され、ただただ自分のためだけにゆっくりと地球を眺めた唯一の時間――。

宇宙から見た「国境」

青々と輝く昼間の地球は相変わらず美しく、夜になれば今度はときおり〝眼下〟の宇宙空間に流れ星が見えた。そんな風景を無心になって見ていると、地球全体が命の塊であるように感じられた。その思いは自分でも意外なほど自然に、心のなかに「ポコっと音を立てるようにして」生じた。

地表の眺めはあまりに多様でいつまでも見ていられた。

「やはり何度見ても印象的なのは、地球の青さでした。ガガーリンが「地球は青かった」と言った時代にはそれが放送されることなんてなかったから、僕らの世代にとってはすごいキャッチコピーだったんですよね。それにその六〇年代は米ソが核ミサイルを持って対峙していたし、六二年のキューバ危機のときなどは、大学生だった僕は「地球は滅びるかもしれない」という危機感を真剣に持っていました。

そういう時代背景のなかでの「地球は青かった」というあの言葉は、やっぱりいろんな人の心のなかでこだまし合って膨らんだイメージだったと思う。だから、「青い地球」というのは地球を見る際の僕の視点に大きな影響を与えていたんでしょう」

次々と流れていく地球の風景を懸命に見ながら、「ブラジルの上空はいつも雲に覆われているな」「ラオスやカンボジアなど、インドシナ（半島）の辺りはすごく赤茶けているな」と彼は思った。

とりわけ地球儀で見ているようなアフリカ大陸では、赤道直下の土地の砂漠化の進行の深刻さが一目見てすぐに分かった。

それから彼は「宇宙から見る地球には国境がないとよく言うけれど、本当にそうだろうか」とも思った。

例えばシナイ半島を見ると、灌漑用水が発達したイスラエルは緑色をしており、それ以外の土地は赤茶けている。夜の朝鮮半島は三八度線の辺りを境に、煌々とした光と重く沈んだ闇とに分かれている。「要するに、これは国境なんじゃないか」と彼は感じた。

地球環境への問題意識

宇宙から地球の様子は驚くほど細かく見え、ニューヨークの空港から離陸した機体の引く幾筋もの飛行機雲や、航海するタンカーの通った跡がナメクジの這い回ったように残されている様子も確認できた。

その光景をただただ眺めた時間が、後に環境問題への関心を強めることになった、と秋山は言う。

「僕がＴＢＳで働き始めた一九六〇年代後半は、経済成長の影の部分が公害という形で露わになってきた時期です。六〇年代にレイチェル・カーソンの『Silent Spring』（邦題『沈黙の春』）が出されて、七〇年代になると日本では水俣病や四日市公害、杉並の光化学スモッグなんかが出てきた。僕らが享受している文明というか、便利な社会には影があるんだぞ、ということが分かってきた時期に、僕はテレビで仕事をしていたわけです。

確か僕がアメリカにいた八〇年代後半の時期の『TIME』の表紙に、こんなものがあった。あの雑誌の表紙はだいたい時の人の顔なのに、その号の表紙は「Endangered Earth」、つまりは危機に瀕する地球ということで、ハリボテみたいな地球が鉄条網でぐるぐる巻きにされて、浜辺に漂着したようなイメージだったんですよ。「ええ、こんなのが表紙になるのか」って思ってさ。

つまり、地球規模で環境問題を考える。それが八〇年代の終わりのキーワードで、僕もそれにずいぶんと影響を受けていました。地球をどういうふうに大事にしていくか――それが間もなく来るであろう二一世紀の人類の課題だ、って。環境問題を地球規模で考えなければいけないというイデオロギーなり価値観なりが、僕のなかにもそんなふうに当然の問題意識としてあったんだね。だから、僕は宇宙から見た景色によって自分の考えが変わったというよりも、もともとあったそうした考え方を強められたと感じているんです」

これは宇宙から帰還した後、彼が福島へ移住して農業を始めた理由にもつながる心境だろう。

また、そのためにＴＢＳを辞めるという選択に至ったのも、この「最後の三時間」で地球を眺め続けたことが影響している。

なぜ秋山はＴＢＳを辞めたのか

宇宙から戻ったとき、秋山は集まった記者の一人から「あのとき秋山さんは何を考えていたんですか?」と聞かれ、「来し方行く末を考えていました」と答えた。このとき彼がそう言って質問をはぐらかしたのは、テレビ・マスコミの世界で今後も自分が生きていくことに疑問を感じ始めていたからだった。

「当時、五〇億だか六〇億という人類のなかで、宇宙に行ったのは二五〇人弱に過ぎませんでした。当時の僕は四〇代の後半で、このまま日本に帰って会社に何年かいれば、局長になって、運が良ければ取締役に昇進し、会社のある赤坂でヨヨイがヨイとやっているのかもしれなかった。でも、こういう経験をしてしまった自分が、それでいいのかっていうのは、やっぱりどうしても考えずにはいられませんでしたよね」

このテレビという媒体が、自分にとって後ろめたさのない人生を送れる場なのだろうか、と彼は思った。

「会社組織で働いていると「これはちょっとおかしいんじゃないの?」ってこともずいぶん感じるけれど、サラリーマンっていうのは企業の論理、企業での履歴を尊重すべきだと骨の髄から信じている人しか上にあがらないものでしょ?「こんな会社でいいのかね?」なんて思っている奴は、「まあ、お前好きにしろよ」ってなっちゃうのが明らかな世界なわけですから。

もちろん、僕だって古典的なサラリーマン秩序を認識していた。サラリーマンというのは組織のパーツであって、それぞれの場面で役割を果たすことが大事だ、という意識をちゃんと持っていました。でも、宇宙に行って地球環境の問題をあらためて意識し、自分にとってそれが大事な問題意識だと強烈に思ってしまったんだよね。

コマーシャリズムで成り立っている民放のシステムのなかで、そんな後ろめたさを少しずつ感じながら生きていけるんだろうか。それは職場にとっても自分にとっても、お互いに迷惑だという感じがしたんです。だから、僕は「来し方行く末」という言い方をしたんです。「テレビっていかがわしい商売なんじゃないの?」なんてその場では言えないわけだから」

秋山が自らの人生を全く別のものに変え始めたのは、まさしく宇宙飛行におけるその「最後の三時間」があったからこそだったのである。

福島への移住

前述のようにこの五年後にTBSを辞めた彼は、福島へ移住して農業を始める。そんななかで、宇宙飛行士・ジャーナリストとして言論活動を続けてもきた。そして、原発事故以後は福島を離れて京都に暮らす彼はいま、インタビューの最後に言うのだった。

「二〇世紀の覇者であったテレビがネットに代わっていく時代のなかで、誰もが情報を発信できる世の中になった。「人々にとって何が重要か」を基準に鍛えられてきた僕からすると、ニュースの重さが「人々が何に興味を持つか」という基準で判断されるいまは、まさに大衆迎合主義の時代だと感じます。そのときの気分で風が吹いたり止んだりする様子を見ていると、もう山にこもって静かに暮らしたい、という気持ちになるんですよ」

ホテルのラウンジでの二時間ほどのインタビューを終えると、「じゃ、僕はこれで」と秋山は次の予定がある場所へと向かっていった。

颯爽と去って行くその姿を見送りながら、「テレビジャーナリズム」を強く意識して宇宙に行った彼が、いまも「なぜ自分は宇宙に行くことが可能だったのか」と考え続けていると話したことが印象に残っていた。

秋山自身がいくらあっさりと語ろうとしても、やはり当時の日本社会にとって、日本人が初めて宇宙に行くという出来事は重いものだったはずだ。

あの時代において宇宙へ行くという稀有な体験をした自分は、その後の人生をどのように生きていくべきか――そのような問いを自らの人生に対して投げかけた彼は、宇宙からの帰還後、一人のジャーナリストとして極めてユニークな生き方を続けてきたといえる。そこからは一九八〇年代から九〇年代にかけての「時代」を背負い、自分なりの一つの価値観を世の中に提示しているのだという自負が、確かに感じられるように私には思えた。

では、こうした秋山の回想に続けて、次章では一気に時間を現在まで戻し、いま最も新しい日本人宇宙飛行士である金井宣茂（のりしげ）の体験を軸にしながら、その先輩に当たる向井千秋などからも話を聞いてみたい。

秋山の〝宇宙取材〟から三〇年という時間が経ち、「宇宙飛行」が当たり前の時代になったいま、宇宙から地球を見る体験の意味はどのように変化したのか。

先に金井の宇宙体験の捉え方の一部を紹介すると、彼はそれを「きわめて普通の体験だった」と語り、初期の日本人宇宙飛行士と自分とは「時代が違う」という認識を繰り返し指摘したのである。

第2章 圧倒的な断絶

――向井千秋の「重力文化圏」、金井宣茂と古川聡の「新世代」宇宙体験

NEEMO20訓練で船外活動を行う金井宇宙飛行士ら

提供：JAXA/NASA

二〇一八年、宇宙からの帰還

金井宣茂が宇宙からの帰還を果たしたのは、二〇一八年六月三日、日本時間二一時三九分のことだ。

着陸地であるカザフスタン共和国は日本との時差が三時間ある。宇宙船がパラシュートを開いて到着するのは、ジェスカズガンという街の近郊の草原。バイコヌール宇宙基地から北東の位置である。

金井がアメリカ人のスコット・ティングル、ロシア人のアントン・シュカプレロフと三人で乗るソユーズの帰還計画は、その約七時間三〇分前から始まっていた。

一六八日間にわたって滞在した国際宇宙ステーション（ＩＳＳ）から、三人は円錐形のソユーズ宇宙船に移動した。その三〇分後にハッチが閉められると、さらに三時間ほど経過した一八時一六分、宇宙船はＩＳＳから切り離された。

ソユーズはソーラーパネルの羽のついた「機器／推進モジュール」、三人の飛行士が着陸の際に乗る「帰還モジュール」、ハッチやドッキング用のアンテナが備え付けられた「軌道モジュール」という三つのモジュールがつながってできている。ＩＳＳ

から切り離された宇宙船はしばし孤独な旅を続けると、二時間半後には軌道離脱エンジンを噴射。二つのモジュールが着陸の約二六分前に切り離され、その三分後に円錐形をした帰還モジュールがいよいよ大気圏に再突入する。

大気圏突入

モジュールが大気圏に突っ込んでいく際の迫力は、それを映像で見る地上の人々にとっても相当なものだ。

広大な地球にとって、ソユーズの帰還モジュールなど塵のようなものだろう。それが赤い火の玉となって地上に向かっていく様子を映像で見ていると、まるでそのまま燃え尽きて消えてしまいそうで、地球の大気が外からの異物をいかに拒絶しているかを実感する。

初めて宇宙から帰還する飛行士にとっても、こうした大気圏突入時の体験はかなり衝撃的なものであるようだ。

たとえば、ＩＳＳの第28／29次長期滞在クルーである古川聡は、ＩＳＳからの帰還時の心境をこう話している。

「やはり大気圏の突入にはどうしてもリスクが伴います。だから、突入前はヘルメットのバイザーを閉める前に、仲間たちと「行くぞ」と気合を入れたものでした。ただ、気合を入れてみたところで、それまで様々な手順で帰還の準備をしてきた飛行士も、いざ大気圏に入るときにはもう、自分たちにできることは少ないんですね」

突入時、モジュールは秒速約八キロメートルという高速に達し、前方の空気の層を押しつぶしながら進んでいく。凄まじい速度で圧縮された空気中では分子同士が激しくぶつかり合って発熱し、周囲の温度は約三〇〇〇度にも達する。この突入の角度が浅ければ宇宙船は地球からはじき返され、深すぎれば燃え尽きてしまう。

「いま少しでも亀裂が生じたら、俺はもうおしまいなんだな」

と、思いながら、古川はただただ宇宙船に身を任せていた。

窓から外を見ていると、温度が一五〇〇度を超えたところで、アブレータ（断熱材）が高温のプラズマになって溶け剝がれ始める。外の世界はオレンジ色に染まっており、アブレータの残骸が張り付いてはまた剝がれていく様子を、彼らは見続ける。

〈ISSから見ると、大気圏は地球を覆う薄いベールのようで、地球上に生きる生命を守ってくれているように感じていた。だがその大気圏を通り抜けるのは容易なことではない。できることなら表に出たくない〉

古川は自著『宇宙へ「出張」してきます』でそう書いている。

そんななか、同時に増加していくのが宇宙飛行士にかかる重力だ。

ソユーズの帰還モジュール内で宇宙飛行士は、個々に型を取った専用シートに四点式シートベルトで固定されて座っている。大気圏突入時には約四〜五Gという力がかかり、彼らの身体はシートにすっぽりと押し付けられてしまう。

そうしてISSの軌道である高度四〇〇キロメートルから降りてきたモジュールは、秒速二三〇メートルで高度一一キロメートルまで落下。その後順次、オレンジ色のストライプのパラシュートを開いて減速しながら地上へと近づいていく。

そして、地上に着陸する二秒前に逆噴射ロケットが点火されると、凄まじい衝撃とともにカザフスタンの草原に着き、居場所を知らせるビーコンが作動することになる。

カザフスタンへの着陸

……その日、西陽に照らされた草原に着陸したソユーズから、金井宣茂はレスキュースタッフに抱えられながら出てきた。彼は少し疲れているようだったが、それでもどうにか笑顔を浮かべると、カメラの前でしっかりと手を振っていた。

後の会見によれば、金井は六か月間に及んだミッションを終えて帰還する日、「さびしいような、心残りな気持ち」を抱いたと言う。

最後の日には「これで宇宙も見納めだな」と窓の外に広がる地球をただただ眺め、ISSから離れる寂しさと地球に帰る喜びが混ざり合った、複雑な気持ちのままソユーズに乗り込んだ。

「ジェットコースターのようだった。ソユーズの手順書を持っていたが、重くなりその重力を感じた。明日からのスケジュールを教えてもらって、こなしていきたい」

「これから誰もが宇宙に行く時代が来る。自分は宇宙に行った先駆けとしての仕事で貢献できて幸運だった」

「ずっと宇宙食だったので、おいしいごはんが食べたい。白いご飯とお味噌汁を食べたい」

以上が帰還直後の彼のコメントである。

宇宙が人体に与える影響

ところで宇宙からの帰還時、飛行士がスタッフに抱えられなければ立っていられないのは、長いＩＳＳでの無重力生活で筋力が弱っているからではない。彼らは船内で日々、専門的なトレーニングを行なっているため、地球の重力で足腰が立たないほど筋力は弱くなってはいない。

それでも金井がスタッフの肩を借りなければ歩くことさえままならなかったのは、「重力酔い」ともいうべき状態にあったからだ。

帰還から二か月後の帰国会見では、同期の宇宙飛行士・大西卓哉に支えられてカプセルから出てくる自分の映像を見ながら、金井は次のように解説していた。

「実はこれ、足が弱って歩けないわけではありません。筋力は体力トレーニングで残っていたのですが、三半規管によるバランス感覚がなくなっていて、まっすぐ歩けないような状態なんです。あるいは歩いてもふらふらと千鳥足になってしまう。本当に人間の体の変化って面白いな、と。行くときにはけっこう楽だったのですが、帰ってくるときには、こんなに重力って大変なものなのか、とあらためてびっくりいたしました」

古川もまた、帰還時の身体に起こったこうした変化が、とても驚いた「宇宙体験」の一つだったと話している。宇宙飛行士になる前は東大病院に勤務する医師だった彼は「宇宙から帰って来て、再び重力環境に身体が置かれたときの体験は、後に自分の医学的な知識と合わせてゆっくりと考えたことの一つでした」と言った。

「どっち が上だ？」

「宇宙から重力環境に帰ってきたときに予想をはるかに超えていたのは、内耳にある前庭器管の再適応のスゴさについてでした」

ソユーズがカプセルごとパラシュートを開いて、「ドーン」と地面に当たってごろごろと止まった際、古川がまず思ったのは、

「おい、どっちが上だ？」

と、いうことだった。

自分の感覚だけでは、どちらが上であるかが全く分からない。

困惑していると、船長が「手を前に出してみろ」と言うので、その通りに腕を出してみたところ、下がる方向がようやく分かった。

「それで、初めて「ああこっちが下だ」と理解したのです。それが私には大きな驚きでした。着陸地では宇宙飛行士がいつもニコニコして手を振っていたので、ああ元気なんだな、くらいに思っていたのですが、実際には上も下もすぐには分からない状態

だったわけで、あれはかなり一生懸命にがんばって手を振っていたんだな、と」

これまで長いあいだ無重力空間にいたため、頭が異様に重く感じられた。

それを支える首の筋肉が小刻みに震えているのも分かる。

常に身体が揺れているようで、少しでも傾けると足をどう出せばいいのかが咄嗟には判断できず、そのままバランスを崩して倒れてしまいそうだった。まるで自分が軟体動物にでもなったみたいだ——と思った。

ソユーズのカプセルから椅子ごと担ぎ上げられているあいだ、古川は「ずっとぐらぐらと頭が揺れる感じがしますし、頭のピッチやヨーの動き（左右や上下を軸とした回転）がまるっきりダメなんですね。その動きをするとすぐに気持ち悪くなるので、身体ごとそっと方向を変えてもらわないといけなかった」と語るのである。

重力への（再）適応

古川が帰還時のこの「重力酔い」について印象深く語るのは、わずか半年であっても宇宙に滞在すると、人の身体が「無重力状態」の方にすっかり適応してしまう、という驚きと表裏一体のものだった。

ＩＳＳに到着した彼が、無重力状態という環境に身体が馴染んできたと感じたのは、滞在を始めてから三週間ほどが経った頃だった。

その時期から無重力での身体のコントロールがかなり上達し、ＩＳＳのモジュール内を自由に飛び回れるようになった。とりわけ宙に浮かびながら必要最低限の動作で曲がれるようになる頃には、三次元の空間を漂っている状況に不思議さを抱かなくなっていた。

例えば、二〇一一年当時の宇宙ステーションの〝下側〟には、ハッチでつながっている大きめの倉庫があった。古川はその室内に入るとき、初めのうちは足から入っていた。以前からＩＳＳに滞在している飛行士たちは平気で頭から入っていたが、新人である彼は「何か落ちるような感じがして怖かった」からだ。

「それが三週間くらい経ったとき、ふと気づくと自分も平気で頭から入るようになっていました。地球がどちらの方向にあるかは全く自分の頭のなかでも関係なくなって、上や下という概念は全て相対的なものなんだとようやく実感しました。そのときに「慣れたな」と思いましたね。その意味では、宇宙に数日から二週間滞在するのと、一か月以上にわたって滞在するのは全く異なる体験だと思います」

古川はＩＳＳでの生活に慣れた頃、船内を移動していて迷子になるようになった。

上下の概念が意識から消えてしまったため、いま自分のいる場所を「あの機器があの場所にあるから、自分はこっちを向いている」と視覚によって理解しなければならなくなったからだ。手掛かりの少ない倉庫内では尚更の混乱が生じ、その度に確認する煩わしさは「宇宙に暮らしているんだ」という実感となって彼の胸に焼き付いたのだった。

「環境に適応してしまうがゆえに、かえって困る事態も起こるわけですね。これは地球に戻ってからも同じで、帰って来てから困ったのは、下に何もないところに行っても自分が浮いていられるような気がするんですよ。ビルの窓の外に出ても、浮いていられるんじゃないか、って。危なくて仕方ないので、崖のような場所にはなるべく近づかないようにしていました。

だから、もし無重力状態で育った人がいたら、重力下で生きるのはしばらく危険でしょうね。要するに重力というのは、人間にとって全く当たり前のものではない。よって、もし火星なんかに飛行するとなった場合、宇宙飛行士は半年以上、片道を飛行した後に、向こうの重力、つまりは地球の三分の一の重力に再適応しなければならないわけです。それをどう解決するかは大きな課題だと痛感しました」

金井が帰還直後に体験したのも、このような体験と同様のものであったはずだ。そして、ここで触れておきたいのが、自らの宇宙体験を振り返るとき、こうした「帰還後の重力体験」こそが最も印象的だったと語る飛行士がもう一人いることだ。

一九九四年と一九九八年の二度の飛行を経験した向井千秋である。

「重力」は美しい

現在、東京理科大学の特任副学長を務める向井は、「宇宙教育プログラム」の代表として学生の人材育成に力を入れている。

二〇一九年七月、同大学は千葉県野田市のキャンパスで居住空間「スペース・コロニー」を公開したが、ＪＡＸＡや清水建設と提携したその施設の開発も彼女の肝いりの事業だった。インタビューの際、彼女はまずこの「スペース・コロニー」について、月面基地などで使用できる様々な技術開発の産学連携での推進を目的としたものだ、と力強く語った。

「私がスペース・コロニーで目指すのは、産業界を巻き込んで月面や宇宙での滞在技術を開発することなんです。フィルターや食料、エネルギー、水などに関係する理科大の研究を、宇宙という横軸でつないで包括的、学際的にやっていきたい。企業と一緒に研究の成果をどんどん社会実装していくことで、宇宙に対する敷居の高さを下げるのが目的です。理科大にはロケットや衛星を研究する宇宙学部はありませんが、一方でそれを利点にした研究開発のモデルを作っていきたいと思っているんです」

こうした「現在」の試みを説明する向井の口調は実にパワフルで、彼女がいまもなお宇宙開発の世界の最前線に立ちながら、宇宙飛行士としての経験を活かした挑戦を続けていることが伝わってくるようだった。そして、そんな彼女が約二五年前の初飛行を振り返るとき、最も印象的であったと語るのが前述の「帰還後の重力体験」なのである。

「宇宙から戻ってきた宇宙飛行士は、地球の美しさや「国境がない」という実感、無重力でスーパーマンの真似ができた、といった話をする人が多いですよね」

と、彼女は言った。

「でも、私は全くそうじゃないんです。宇宙から肉眼で見る地球は確かに美しいものでした。色合いや雲の立体感などは確かに写真とは異なるもので、それは本当に美しかった。ただ、私にとってその美しさは、期待通りの美しさだった。宇宙からの地球の写真や映像のない時代に、「地球は青かった」と感激したガガーリンほどの衝撃は受けようがなかったということです」

無重力状態についても同じことが言えた。

慶應義塾大学病院の外科医だった向井が、日本初の宇宙飛行士募集に応募したのは一九八三年。二年後に毛利衛、土井隆雄とともに宇宙飛行士に選出された。だが、この「第一期」の飛行士のフライトは、一九八六年のスペースシャトル・チャレンジャー号が空中で爆発した事故によって、大幅に予定が変更される。宇宙飛行の計画が未定になるなかで、向井はヒューストンにあるジョンソン宇宙センターの宇宙医学研究所に留学。スペースシャトル計画の再開を待つ間、宇宙医学や無重力状態における人間の身体の研究を続けた。

その際に実験で繰り返し搭乗したのが、NASAの「パラボリックフライト」だった。これは飛行機を放物線状に落下させて無重力状態を作り出すもので、多いときで一日に約四〇回の無重力状態を経験したという。

「一回のフライトでは二〇秒ほどの無重力状態を二〇~四〇回ほど作り出すのですが、最終的に私は宇宙に行く前から延べ地球四周半分くらいの無重力を実験で経験しました。無重力の世界では全てが相対的で、コンピュータのキーも押せないし、ドアノブやねじを回せばこっちの体が回ってしまう。ニュートンの作用・反作用の法則、押せば押される、という法則を体で理解できるんです。

そこで実感したのは、私たちが生きているのは宇宙のなかにある地球という一つの「重力文化圏」に過ぎないということでした。地球では私の床はあなたの床でもあるけれど、無重力の世界では私の天井があなたの床かもしれない。そうした自分の概念が大きく変わってしまう体験を、私はパラボリックフライトですでに体感していたんです」

だが、後に宇宙での一四日間のミッションを終え、地球に戻ったときに自分が何を感じるのか。そのことについて、当時の向井は全く想像を巡らしていなかったと続ける。だからこそ、帰還時の「重力体験」こそが、彼女にとって最も想定外の驚きを感じたものになったのだ。

「忘れられないのは、地球に戻ってすぐのプレスカンファレンスのときの出来事です。ケネディ（宇宙センター）である人から受け取った名刺が、ズシっとしてすごく重かった。「これってこんなに重いの」っていうくらいに。自分の体も重いし、紙だって重い。それに、周囲の風景そのものがどこか不思議なんです。まず机の上にものが置いてあるのが不思議で、一枚の紙が机にチューインガムか何かでくっついているように見える。

それから物が下に落ちる速度が不思議でした。そもそも物が下に落ちるときに、

「落ちる」という感じがしなくなっていました。地球の中心に引きつけられて、強力な磁石でピタッと下にくっついているように感じられた。だから、私は地球に戻ってから一、二日はわざと物を落としては、その様子を見て面白がっていました」

あるいは、翌日に爪を切っていたときのことだ。向かいに座っていた仲間のクルーから、彼女は爪切りを貸してほしいと言われた。そのときに放り投げた爪切りが放物線を描くのを見て、二人ははっと息を飲んだという。

「宇宙だと投げたものが等速運動でまっすぐに飛んでいくわけですが、地球では二人の間で爪切りが綺麗な放物線を描いて落ちていく。当たり前のことなのに、工学系のエンジニアだった彼が言うんです。「放物線というのはこんなに美しい線だったのか」って。私も同じ思いでした。放物線は美しい。なぜいままで、この美しさに気づかなかったんだろう、と。

宇宙での無重力状態に慣れてから地球の「重力文化圏」に戻ると、そんなふうに自然界の様々な光景にしばらく感動できるんです。風が吹く、物が落ちる、カーテンが揺れる……。それは赤ちゃんが見るもの全てに関心を抱き、感激を覚えるようなものなのでしょうね。大人になると忘れてしまうそんな自然への感激が、まるで甦ったように私には感じられたんです」

ちなみにこのような体験を語る向井、そして古川や金井は、飛行士になる前に医師として働いていた。三人が他の飛行士より自らの心身の変化に対して印象深く語るのは、そうしたバックグラウンドも強く影響しているのだろう。

「うっかり物を落としてしまう」

さて、話をその金井のミッションに戻そう。

カザフスタンの草原に降り立ったJAXAの宇宙飛行士は、次にNASAのあるヒューストンへとすぐさま移動する。

着陸後の飛行士はとにかく忙しい。金井の場合、フライトサージャンによる医学検査をテント内で受けると、三十分後にはヘリコプターでカラガンダ空港へ移動。民族衣装を着た女性たちからの花束贈呈、関係者の挨拶や質疑応答などのセレモニーを終えた二時間後には、慌ただしく専用機で出発している。

そこでようやく、彼らには休息の時間が訪れる。

金井は日本人宇宙飛行士として初めて、長期滞在から帰還後約一〇日という早い時期にJAXAでの適応訓練を行なうことになるのだが、そのなかで前述の「重力酔い」が急速に収まっていく過程を身を以て体験した。

宇宙から帰ってきた宇宙飛行士たちは最初、ちょっとしたものを拾うのも難しい状態だ。だが、例えば向井が宇宙から帰還した後、自身の身体を注意深く観察するなかで驚いたのは、「宇宙に行った人間が「無重力」に適応して快適に暮らし始められるのと同様に、重力にも人は瞬く間に適応していく」と知ったからでもあった。

彼女によれば、帰還後すぐは一枚の紙の重さにさえ「感激」したが、その感情は地球に戻ってから三日も経てば失われてしまったという。帰還から二日目の夜、感激を以て「重力文化圏」を体験する感覚というものが、翌朝になれば自分から消えてなくなってしまうことが彼女にははっきりと分かった。

「だから、その日は寝たくないという気持ちでした。案の定、翌日にはあの感覚は消えていて、紙を持っても何も感じなくなっていました。私が二度目の宇宙飛行を目指したのは、その感覚をもう一度でいいから感じたかった、というのも理由の一つなんです。名刺ほどの紙の重さをずっしりと感じる感覚を、もう一度でいいから体験してみたい。そのためには自分の体を重力のない場所に二週間くらい置いておかなければならないわけですから」

向井にとって宇宙からの帰還後の「重力体験」とは、それほどまでに大きな感動とともに体験されたものだったのである。

帰還してから約一〇日後につくばに戻った金井も、リハビリ中の身体の変化について「一週間経つごとに、あるいは一日経つごとに、重力がある環境に適応していく過程を身を以て体験した」と語る。

さらに具体的な身体の変化についても彼はブログでこう書いている。

〈幸いなことに、人間の体の適応力というのは素晴らしいもので、バランス感覚の混乱によるめまいの症状は、急速に改善します。その人ごとの体質もありますが、数時間経過するだけでも症状が軽くなっていくのを自覚できますし、二四〜四八時間もすれば、多少のふらつきはあっても、視覚情報をもとに、しっかりと歩くことができるようになります〉

重要なのはこの「視覚情報をもとに」というところで、身体のバランス感覚はまだ回復していないため、目を閉じると場合によっては倒れてしまうこともある。しかし、そうした症状も一週間も経てばほぼなくなり、地球環境への適応が次第に完了していくのである。

「自分は何一つ変わることはないだろう」

そうして地上での環境適応を進めた金井宣茂に私が会ったのは、帰還から四か月が経った二〇一八年一〇月九日のことだった。

茨城県つくば市のＪＡＸＡの記者会見室で会った彼は、取材時にいつも身に着ける青いユニフォーム姿で、自信に満ちた笑みを浮かべていた。それは他のＪＡＸＡ所属の日本人宇宙飛行士にも共通した、取材対応の訓練をしっかりと受けた飛行士ならではの表情に見えた。

ＩＳＳでの滞在時、彼は宇宙滞在の最長記録（八七九日）を持つロシア人宇宙飛行士のゲナディ・パダルカにあやかって、六か月のあいだ一度も散髪をしなかった。そのため、ミッション中は放射状に伸びた髪と無重力空間でむくんだ顔が相まって、どこかまんまるとした雰囲気があったものだ。

だが、地上で会う彼は、細身の体型がユニフォームにぴったりと収まり、きびきびとした口調で挨拶を交わす様子が実に爽やかだった。

私が金井に会うのはこれが二度目だった。

ちょうど一年ほど前の一〇月、『文藝春秋』誌に掲載するルポのために一時間ほどのインタビューを受けてもらったからである。

その際のテーマは、宇宙での体験が宇宙飛行士にとってどのような「意味」を持つか、その体験が世界の認識をどのように変えたか、というこの本に連なるものだった。まだ宇宙体験をしていない金井にも話を聞いたのは、出発前と帰還後で彼の心境にどのような変化が生じるかを知りたいと思ったからである。

一時間のインタビューのなかで興味深かったのは、これから始まる宇宙での体験によって、「自分は何一つ変わらないだろう」と金井が繰り返し語ったことだった。

その日、同じつくば市のJAXAの会議室で会った彼は、二か月後の一二月一七日に第54／55次長期滞在クルーとして、バイコヌール宇宙基地からの出発を控えていた。滞在時のトレーニングメニューを実際に行なうなど出発のための準備も佳境に入っており、「いま直ぐにミッションが始まっても対応できます」といかにも気力が充実していた。その様子からは、大きな仕事に向かう前の適度な緊張感が伝わってきた。

「最近、宇宙でミッションをしているときや、打ち上げの際の夢をよく見るようになってきたんです」

と、彼は少しはにかみながら言った。

「無重力での生活を経験したことがないので、夢のなかでも訓練通りにミッションをやったり宇宙船の操縦をしたりしているのですが、なぜかそこには重力があるんです。宇宙船のなかにいるのだから、本当はふわふわと浮いていなければいけないのに、訓練施設のように作業していて、目覚めたときに「宇宙の夢を見たけれど、重力があったなあ」って思うんです」

宇宙飛行士のミッションは、実際の現場でも「訓練通りだった」と語られることが多い。夢に見るほどその訓練を繰り返してきたということだろう。

宇宙は本当に「特別」なのか

だが、宇宙に行くことの「意味」についてはどう考えているかと聞くと、彼が一転して語ったのは次のようななかなりドライな心境だった。

「実は宇宙に行くこと自体に関して、私はあまり大袈裟には考えないようにしているんです。自分の人生にとって一つの新しい体験ではあるけれど、過剰な期待感は持っていません。人生をトータルに考えれば、仕事の占める割合は私にとって五〇パーセントくらい。宇宙飛行はさらにそのなかの一部なわけですから、人生においてその体験が占める割合はそれほど多くない。もちろん自分にとって新しい体験ではあるけれど、必ずしも大きな体験だったり、過剰に素晴らしい何かが得られたりするんじゃないか、という期待は持っていませんね」

――しかし、世界中の多くの飛行士たちが、これまで宇宙体験を「特別なもの」として語ってきました。なぜ、金井さんはそう考えられるのでしょうか。

「私自身と他の飛行士の違いを考えてみると、子供の頃から宇宙への憧れを持っていたり、宇宙飛行士を目指したりしていたわけではないから、というのもあるかもしれません。古川聡さんが『宇宙へ「出張」してきます』という本を書きましたが、これまでもヒューストンやロシア、ヨーロッパ、日本と場所を移して訓練をしてきた。私にとっては宇宙ステーションもそうした「出張」のうちの一つで、仕事をしに行って帰って来るという感覚でいるんです」

――一二月からの宇宙での体験はあくまでも「仕事」であって、自分の人生観などが変わるような大げさなものではないと考えているわけですね？

「どの国の宇宙飛行士も、宇宙から戻ると「人生観は変わったか」と必ず聞かれるみたいですね。以前に、いま二度目のISS滞在中のアレクサンダー・ミシュルキン（第53／54次長期滞在クルー）と、そんな話をしたことがありました。二度目の打ち上げ前のバックアップとして一緒に合宿生活を送ったとき、彼も「戻って来てから人生観が変わったかと何度も聞かれたけれど、ぜんぜん変わらないんだよね」と言っていました。ああ、やっぱり変わらないんだな、と。

他の先輩や近しい宇宙飛行士に話を聞いても、最近の飛行士はあまり人生観が変わったなんていう話はしませんね。何故かと言えば、やっぱり昔のアポロの頃などと比べて、宇宙がずっと意識の上で近くなったからだと思います。それに、月まで行った飛行士が感じた地球の小ささや孤独感は、地球の軌道までしか行っていない近年の飛行士とはまた違ったものでもあったでしょう」

宇宙飛行士としての「最終試験場」

――彼らにとって、宇宙はいまよりもずっと遠い場所だった。

「はい。何しろ当時はミッションを成功させて戻って来られるかも分からないし、通信技術も発達していなかったので、宇宙はとても遠い世界だったはずです。でも、いまは宇宙ステーションの運用が始まって一八年くらい経って、そのあいだも常に誰かが宇宙に滞在している。通信技術も軌道上から電話がかかってきたり、eメールで家族や友達と気軽にやり取りしたりできる。宇宙が私たちの側にどんどん近づいてきているんです。

とはいえ、私たち宇宙飛行士どうしというのはそもそも、あまりそういう話は深く交わさないんですよ。私は暗黙の了解みたいな形で、「別に変わることはないよね、人生観が変わるような衝撃的な体験ではないよね」と認識しているわけですが、個人個人に入念にインタビューをしてみれば、「実は……」と話し始める人もいるのかもしれませんね」

――では、その上で金井さんにとって今回のミッションは、ご自身にとってどのような意味を持つものになると考えていますか？

「自分にとって初飛行はゴールや夢の達成ではなく、一人前の宇宙飛行士として立っていくための最終試験だと思っています。先に宇宙飛行を終えた油井（亀美也）さんや大西（卓哉）さんを見ていると、自分の体験をもとに仕事をされている。その説得力にＪＡＸＡで接していると、やはり宇宙に行っていない飛行士は半人前だと実感しますから。

それに、私は宇宙飛行士の仕事の大きな役割として、多くの人にとって宇宙を身近な場所にすることがあると考えています。海外旅行をするような感覚で宇宙旅行ができるような社会の実現に貢献したいという思いがあるので、宇宙に行くのは昔ほど特別じゃない、むしろそうあるべきだという先入観があるかもしれません。その意味で、いまは「宇宙に行くのはただの出張だ」とか「仕事の一部ですよ」と言っていますが、ひょっとするとそれは強がりなのかもしれない。そこは自分で行ってみて、実際にどのように感じるかに興味がありますし、戻ってから正直にご報告したいと思います」

――最後に、なぜヒトは地球を離れて宇宙に行こうとするのか。その理由についてはどう考えていますか？

「宇宙が私たちのもっと身近なものになって欲しいというのは、私の思いというよりも、人類の歴史の必然だと考えています。大航海時代に大陸間で交流が始まり、その後に今度は飛行機が開発され、モノの流れが加速していったのと同じように、人類は生存圏を宇宙に伸ばしていくと信じています。

宇宙での体験が自分の考え方を変えるほどの衝撃ではないはずだと私が考えているのは、いまがその宇宙開発の歴史にとっての過渡期であると捉えているからでもあります。だから、誰しもが宇宙に行くような時代になったときに、ガンダムの「人類の革新」じゃないですけれど、人類全体として、人間として、宇宙に対する考え方や地球の見方ががらりと変わるときが、いつか訪れると私自身も思っています。ただ、それはいまではない。

例えば月面都市で人間が繁栄したり、他の惑星に移住して世代を重ねたりするようなことになれば、地球は全ての人間の故郷、発祥の地としてより大事にされるかもしれない。あるいは、月でも火星でも地球でも一緒じゃないか、と大事にされなくなるかもしれない。いずれにせよ、そのような時代がやって来ることが歴史の必然だとすれば、人類が宇宙で暮らすそんな未来は私にとって、「早く来るか、遅く来るか」の違いに過ぎません。そして、いままさに宇宙業界で働いている我々の使命は、いかにその新しい時代を早く実現させるかにあると思うんです……」

宇宙は「出張先」の一つ

こうした会話を一年前に交わしていたため、四か月前に宇宙から帰還した金井がその日、インタビューを始めてすぐ次のように語ったのも意外ではなかった。

「やっぱり宇宙は私にとって、出張として行ってきた場所だった、という印象は実際に体験してみても変わりませんでした」

彼は六か月間のISS滞在中、窓の外の地球を眺めながら、ふと「これは果たして自分にとって、大きな体験であり得るのだろうか」と考える瞬間もあったという。だが、その思索の先にあったのは、「やはり宇宙は私たちにとって、地球の延長線上にある「普通」の場所だ」という思いだったと語るのである。

宇宙に行く前は「ちゃんと寝られるだろうか」と思ったり、「食事はちゃんと胃に収まるのだろうか」「トイレをきちんと使えるのだろうか」と考えたりと、数え上げればきりがないくらい様々なことを心配していた。

ところが、実際にISSで生活を送ってみると、金井は「人間の適応力はすごいな」と思った。ISSに到着して二、三日が経つ頃には、目覚めたときに無重力状態を特殊な環境だと意識する間もなく、その日のスケジュールに追われている自分がいた。

「そのとき、「やっぱり本当に普通の場所だな」と思ったのですが、私にとってはその「普通さ」こそがむしろ驚きでした。そんなふうに「これは宇宙出張だな」という考えが強化されていきましたね。一つ比べるものがあるとすれば、海外に行ったことのない人が初めて海外旅行をしたときと似ていると思います。自分たちとは異なる文化に触れ、新しい経験を得ることで人間の幅が広がるという意味では、宇宙から地球を眺めるのは貴重な体験でしょう。だから、私は旅がそうであるように、宇宙体験は

「若い世代の人たちにこそ経験してもらいたいと感じました」

金井宣茂はなぜ宇宙へ行ったのか

宇宙体験が「普通だった」と感じた背景を自己分析するとき、金井は前述のように、「自分が宇宙に憧れてきたわけではないからかもしれない」と語っている。

実際、日本人の宇宙飛行士のなかで、TBSの特派員として宇宙を「取材」した秋山豊寛の例を除けば、金井ほど飛行士を目指すに当たって「宇宙」への憧れが希薄だった人物はいない。

金井は一九七六年に東京都で生まれ、千葉市に育った。

子供の頃は内気な性格で、探検小説や冒険小説を好んで読む少年時代を過ごした、と様々なインタビューで語っている。好んで読んだ冒険小説では『宝島』や『ロビンソン・クルーソー』がとくにお気に入りで、大人になってからも、北杜夫の『どくとるマンボウ』シリーズなどが大好きだったそうだ。

一方で好奇心は昔からとても旺盛で、好きなことには懸命に打ち込むが、そうではないことは全くしようとしない頑固さがあった。そのため教師に怒られても気にせず、その姿勢をあらためずに周囲を困らせることが多かったという。

また、金井が高校時代から続けてきたのが、合気道や弓道といった武道である。そのうちで現在も続けているのが、一人でも稽古のできる居合道だ。宇宙飛行士に選ばれてヒューストンのアパートで暮らしていたときも、ときおり道着に着替えて稽古をしていた。

練習用の刀を抜いて技の練習をするため、彼は部屋のリビングには家具を置いていなかった。他のアメリカ人飛行士やＮＡＳＡのスタッフの目には、かなり風変わりな人物に映っただろう。

青年の頃から武道の世界に興味を抱いてきたのは、「日本の伝統文化みたいなものに憧れがあったから」と彼は言う。

「武道を通して学んだのは、日本古来の人の生き方や考え方というか、大きなことも小さなことも冷静に受け止める、ありのままに受け止めて生きていくという価値観だったと思っています。宇宙飛行士というのは、生死のかかっている緊急事態においても、訓練通り落ち着いて行動することが求められます。だから船外活動のときなどは、それこそ真剣で他の剣士と立ち合うような気持ちで取り組みました」

原点は「潜水医学」

二〇〇九年にJAXAの宇宙飛行士試験を受ける前、金井は防衛医科大卒の海上自衛隊の医師として働いていた。

医師を目指したのは、医療関係の仕事に就いていた父親に影響を受けたからだ。その夢は後に、防衛医大に進んで自衛官になるという目標と結びつく。

「病院で働くだけではなく、世界を股にかけて衛生や医療の分野に携わりたかった」

と、語る彼には、たとえば、『どくとるマンボウ』のように船医として世界を旅することへの憧れの延長線上に、国際平和活動での衛生部隊のような仕事に惹かれる気持ちがあったのだ。

二〇〇二年に防衛医大を卒業した金井は、外科医として青森県むつ市の自衛隊大湊病院や広島県の呉病院などに勤務した。

そのなかで宇宙飛行士としての原点の一つとなったのが、専門に「潜水医学」という分野を選んだことだった。

「深海という分野を選んだのは、やっぱり人と同じようなことをやっていても、面白くないと思ってしまう性格からでした。自衛隊での医師の仕事は、組織がミッションをこなす上での医学的なサポートです。そのなかに潜水という特別な専門技術や知識が必要な世界があると知ったとき、そのマニアックさにとても惹かれるものがあったんです。人がなかなか行けない場所にかかわる仕事であることに、強い魅力を感じたんですね」

潜水医学は潜水病や気圧障害の予防を行なう専門領域である。閉鎖された空間における人間の心身の健康を研究するという意味で、それが彼にとって「宇宙飛行士になる」というアイデアの遠因となっていくのである。

ちなみに、後に宇宙飛行士候補としてＮＡＳＡやＪＡＸＡ、カナダ宇宙庁の訓練生と行動をともにした際、金井は「ニモ」というニックネームを仲間につけられている。このニックネームを彼は「（ジュール・ベルヌのＳＦ冒険小説である）『海底二万海里』の船長と同じ名前なんです」と言ってとても気に入っているのだが、その由来も潜水医学を専門とするバックグラウンドにあった。

極限環境ミッション運用訓練

ＮＡＳＡにおける宇宙飛行士の訓練に、「極限環境ミッション運用訓練」という二〇〇一年から開始されたものがある。アメリカ・フロリダ州のキー・ラーゴ沖の海底に作られた「アクエリアス」で行なわれる訓練だ。

アクエリアスは海底二〇メートルに作られた直径四メートル、長さ一四メートルほどの施設で、ＩＳＳのモジュールの一つを再現したくらいの大きさとなっている。

宇宙飛行士の訓練には極寒の雪山をチームでサバイバルしながら縦走するものもあるが、アクエリアスでの訓練も数人のメンバーが海中の閉鎖空間に閉じ込められ、限られた水と食料で一週間にわたる共同生活を送り、その様子がカメラによって常時モニターされるという過酷なものだ。そして、この「極限環境ミッション運用」（NASA Extreme Environment Mission Operations）が通称「NEEMO」と呼ばれるため、潜水医学を専門とする金井のあだ名になったのである。

さて、その金井が「宇宙飛行士」という仕事に興味を抱いたのは、二〇〇五年にアメリカへ留学したときである。

この年に二九歳になる彼は、東海岸のコネチカット州にある海軍の施設「ニューロンドン海軍潜水艦基地」で潜水医学について学ぶ機会を得た。

ある日、彼は自身の所属するクラスルームの壁に、一人の女性の写真が飾られていることに気づいた。

聞けば、女性の名はローレル・クラーク――二〇〇三年二月一日のコロンビア号の事故で亡くなったＮＡＳＡの宇宙飛行士であった。海軍の潜水艦基地施設に写真があるのは、彼女が潜水医学の専門家だったからだ。

一九九六年に三五歳でＮＡＳＡの宇宙飛行士に選ばれたクラークは、もともと軍医として働いてきた人物だった。

二〇〇三年の初めての宇宙でのミッションで、彼女は一六日間にわたっていくつかの科学実験を行なっている。コロンビア号の事故はそのミッションの帰途に起こったもので、打ち上げ時における左翼の損傷が原因とされた。外部燃料タンクの断熱材が打ち上げ時に翼へ激突し、大気圏再突入の際に損傷部から熱が流入して機体が空中分解したのである。彼女は亡くなった七名の搭乗員の一人であった。

「深海潜水ではダイバーのいる狭い部屋の圧力や温度を調整し、遠隔的に健康を管理するわけですが、それが宇宙ステーションという環境と似ている。深海や高山、宇宙での医学は「異常環境医学」と括られるもので、自分の自衛隊での仕事の延長線上に宇宙飛行士という職業があるんだという認識を、彼女の経歴を知って持ったんです」

「自分はなぜ海に潜れないんだろう」

こうして自身の生業である「深海」と「宇宙」に類似性を発見した金井が、実際に宇宙飛行士という仕事に興味を持った三年後、第五回となるＪＡＸＡの宇宙飛行士選抜試験の公募があった。

この頃、三〇代の外科医として働く日々を送りながら、彼は自らのキャリアについて様々な思いを巡らせていた。ある組織のなかで仕事を覚え、中堅的な役割を担うことがすっかり「日常」となった三〇代の頃は、一方で新しい経験が少なくなっていく時期だ。

潜水の現場に携わる医師は自らも潜水学校に入り、ダイバーと同様の厳しい訓練を受けて資格を取る。だが、現場での医師はダイバーを甲板で見守る存在であるため、「現場に出たい」という気持ちをもともと強く持っていた金井は、その仕事の大切さを知ってなお、次第に物足りなさを感じるようになっていた。

「自分も同じ訓練を受けたのにどうして海に潜れないんだろう」

そんな寂しさのような不満を、日々の仕事のなかで感じるようになっていったのである。

「外科医としてはこれからキャリアが花開く時期ですから、続けていればまた別の世界も見えたのでしょう」

と、彼は言う。

だが、ダイバーたちの健康管理の仕事を陸上で続けていると、「自分も現場で活躍する彼らのような立場になりたい」という気持ちがどうしても胸に生じてしまう。自らの人生には新しい「何か」が必要だと、このときの金井は痛切に感じていた。

「普通」の自分が宇宙飛行士になることができたら

そんなときに公募された宇宙飛行士選抜試験の案内を見て、彼は以前に読んだ一冊の本を思い出した。

それはクラークの存在を知って宇宙飛行士という職業に興味を持った頃、ふと手に取った『中年ドクター宇宙飛行士受験奮戦記』という作品だ。著者の白崎修一は当時、東北地方の病院に勤務する三九歳の麻酔医。幼い頃にアポロの月面着陸の中継を食い入るように見た彼が、第四回の飛行士選抜試験に挑戦する様子を描いた体験記である。

この選抜試験では古川聡、星出彰彦、角野（山崎）直子の三名が選出されるのだが、白崎は彼らとともに最終選考まで残った一人だった。

この本の面白いところは、試験への申し込みから憧れの毛利衛による不採用の電話までの数年間を、著者が様々なことに驚き、不器用ながらどうにか前に進んでいく素朴さにある。英語の試験、面接、ディベート、健康診断や身体検査、後半の閉鎖訓練など、実際の試験で行なわれる具体的なシーンや作業が、四〇代に差し掛かって体力も落ちてきた受験者の視点によって、コミカルかつ等身大のものとして描かれているのだ。

同書を読んだ際、金井は同じ医師である著者に共感を覚えると同時に、「普通の医師が宇宙飛行士を目指す姿」に心打たれるものを感じた。それまでの彼にとって宇宙飛行士と聞いて思い浮かべるのは、人並み外れた体力と専門知識を持つ「スーパーマン」のような存在だった。だが、白崎は宇宙への夢と好奇心を人一倍持ってはいるが、本を読む限りでは周りにいくらでもいる「普通の医師」の一人に見えた。

「心に残ったのは、なるほど、いまの時代はすでにスーパーマンが宇宙に行く時代ではなく、医師やエンジニア、パイロットとして普通に働いている人が、飛行士として活躍できる時代なんだ、ということでした。

私自身は人より優れて体力があるわけでもないし、頭がいいわけでもない人間です。そんな自分だって、別に宇宙飛行士になろうとしてもいいのではないか。むしろそんな「普通」の自分が宇宙飛行士になることがもしできたら、宇宙がもはや誰しもに開かれた場所であり、そうした社会こそが素晴らしいというメッセージになるんじゃないかと思ったんです」

気づいたら宇宙で仕事をしていた

自衛隊の医師で潜水医学の専門家でもあり、何をするにしても驚くほどのバイタリティで臨んできたように見える金井が、一般的な価値観に照らして必ずしも「普通」であるとは私は思わない。

ただ、「宇宙飛行士・金井宣茂」を理解する上で重要なのは、彼自身のなかに宇宙飛行士を目指した動機がそのようなものとしてあった、ということだ。

彼にとって宇宙飛行士選抜試験を受けることも、それに合格して実際に宇宙へ行くことも、「普通のおっさんである自分が宇宙で仕事をして、何事もなく帰ってこられるかという目標であり実験」だったからである。

宇宙からの帰還を果たした金井は、「だから――」と言った。

「私は宇宙ありきで自分のキャリアを作ったわけではなく、その時その時に自分の興味のある世界に飛び込んでいっただけなんです。自衛隊のお医者さんになり、潜水医学という医学でも特殊な研究分野に興味を持ち、その先に今度は宇宙があった。目の前に現れた人生のいくつもの分岐に対して、面白そうだと思った方を選び続けるうちに、いつの間にか宇宙で仕事をしていた。

そして、こうしてミッションも成功して帰ってきて言いたいのは、「それ見ろ、普通のおじさんでも宇宙に行けるんだ」ということです。それを確信したいま、これからは一人の宇宙飛行士として、誰もが宇宙に行けるような時代を目指して仕事をしていくのが、自分の進んでいく道だろうと感じているんです」

宇宙での体験を繰り返し「普通だった」と語る彼の言葉に嘘はないだろう。今後、月や火星への探査が宇宙開発のテーマになる将来を踏まえれば、ISSという低軌道への滞在をことさら「特別な体験」とする時代はすでに終わりつつある、という金井の認識には説得力がある。

しかし、こうして金井の話を聞いていると、一方で宇宙体験をそのようなものとして語ること自体が、彼にとっては自らの人生の数々の選択を首尾一貫したものとして肯定することを同時に意味しているのかもしれない、とも私には感じられた。

底知れない「闇」

とはいえ、二〇一七年一二月からの約半年間のISS滞在の間には、そんな彼にも簡単には「普通だった」とは言えない特別な経験もあった。それが二〇一八年二月一七日に約六時間にわたって行なった船外活動（EVA）である。

金井がアメリカ人宇宙飛行士のマーク・ヴァンデハイと二人で担ったのは、LEE（Latching End Effector）と呼ばれるロボットアーム両端の把持機構を交換する作業だった。

この作業は「US EVA-48」（アメリカによる四八回目の船外活動の意）と言い、取り外されたLEEを回収し、一つ前のEVAで仮置きされた新しいLEEを取り付けるものだ（回収されたLEEは後にイーロン・マスクのスペースX社の補給船「ドラゴン」に乗せられ、地球で整備を行なってから再びISSへ打ち上げられる）。

金井が担当したのはＬＥＥの交換作業で、そのためにはＩＳＳの船外に出た後、手すりにつかまりながら二〇メートルほどの距離を移動する必要があった。

それまでどんな質問にも淀みなく答えていた金井が唯一、一つひとつの言葉を吟味するように振り返り、「伝えたくても伝わらない」というもどかしさとともに語っているように見えたのが、この作業中に見た光景や抱いた感情について聞いたときだった。

「確かにＥＶＡはかなり特別な体験だったとは思うのですが、何しろ一度しかやっていないので、仕事に夢中で気持ちに余裕がありませんでした。思い返してみると、何も覚えていないような感じなんです。それでも強く記憶に残っているのは、「すごく暗かったなぁ」という印象です。宇宙ステーションのなかにいるときは、いつも窓の外に地球が見えています。窓は〝床面〟にしかないので、そこには常に地球がある。そして、その地球はいつだって青く輝いているわけです」

――ＩＳＳの外に出るとその風景が変化した。

「ええ。ただ、それは地球が見えなくなるから、ということではないんです。もちろん外に出ても、地球は同じように輝いています。でも、それでも「真っ暗だった」という印象ばかりが残っているのは、ＩＳＳからは見えない反対の〝宇宙の側〟や地球の背後に広がる闇が、あまりに底知れないものとして広がっていたからです」

――それほど宇宙の暗さというものは圧倒的なものだったわけですね。

「夜の間は地球も暗くなるので、手元をライトで照らしているわけです。一方で〝日中〟の太陽が出ている時間帯であれば、作業場所はとても明るかったはずなのに、周囲の暗さがそれに勝るものだったというか……。なんとなく暗かったというイメージが強く残っているんです。地球はもちろん明るく輝いていたのですが、自分の記憶にこびりついているのはその暗さの方なんですね」

宇宙から見た「地球」

金井はISSに到着して初めて窓から地球を見たとき、「なんだ、こんなものか」と思った。それほどの感動は覚えず、「テレビで見るのと一緒だな」と第一印象として感じた。

一方でそうした宇宙から見る地球の姿に対して、彼は半年のミッションのあいだずっと無感動でいたわけではなかった。その後、彼は窓の外の地球を眺めながら、一時として同じ表情を見せることのない地球のダイナミズムに、少しずつ惹きつけられていったと話す。

ＩＳＳは地球を九〇分で一周するが、海や雲、光に照らされる大地の色の全てが常に変化し、同じ光景というものがなかった。それはえも言われぬ不思議さで、いつまでも見ていたくなるほど素晴らしい眺めだった。

ただ、こうした彼の感想は向井千秋のそれとも似て、後に語る他の日本人宇宙飛行士と比べると、驚くほど淡白な反応だったといえる。

一つだけ例を挙げると、金井と同じ医師である古川などは、

「地球が存在することが奇跡のように感じられた」

と、次のようにさえ語っているからである。

「もしかしたら、地球が何者かの意思によって作られたものだとしても、決しておかしくはないな、と感じたんです。私は特定の宗教を持っていませんが、宗教を持つ人なら尚更そう感じたかもしれません。超越した存在があってもおかしくないぞ、と」

古川にそう思わせたのは、宇宙から見る地球の存在感の大きさだった。

バイコヌール基地からソユーズで打ち上げられた古川は、ＩＳＳへ向かう途中に窓から初めて地球を見た。

すると、想像していたよりもやや濃い青色が、地球を縁取っているのが見えた。そ

れは青い光を反射する大気層で、彼はその美しさに感動するとともに、

「守られているんだな」

と、感じた。

ＩＳＳに着くと、今度はキューポラという窓から青く光り輝く地球を再び見た。その美しさ自体はすでにソユーズの小さな窓からも見ていたし、よく観察すると地球の色合いなどはハイビジョンテレビや４Ｋテレビの映像でも、ほぼ再現できているとも言える気がした。

一方で現状の映像技術では決して再現できないと感じたのが、肉眼で宇宙から地球を見たときの圧倒的な存在感だった。そして、その存在感は古川に次のような思いを抱かせたのだった。

「そのなかで私が抱いたのは、地球自体が一つのシステムであって、我々もその一部なのだという実感でした。だから、宇宙に行くことで、地球を大切にしないといけないんだという気持ちが強まりました。自分たちが地球人だという実感、と言ってもいいかもしれません。それは頭では誰もが分かっていることですが、頭で分かっているのと、実感としてその気持ちが強くなるのとはまた別のことなんです」

こうした古川の言葉を聞くと、金井の感想がいかにあっさりとしたものであったか

が分かるだろう。

だからこそ、金井にとって船外活動での体験は、自身の宇宙体験のなかでいまだ言葉にし切れていない特別なものだったのではないか、と私は思ったのである。

ハッチを開けてISSの外に出たときに金井は、

「非常に強い恐怖を感じた」

と、言った。

船外活動を初めて経験する宇宙飛行士は、「自分の身体が落下してしまうのではないか」という恐怖を抱くとよくいわれる。だが、金井が感じたのはそうした「落ちる」ことへの怖さではなかった。

「LEEを交換するためには、船外を手すり伝いに移動していく必要がありました。それでストラクチャーから離れると、そのまま宇宙を漂ってしまうんじゃないか、という怖さを感じたんです」

圧倒的な孤独

ふと気づくと、彼は手元の手すりを無意識のうちに強く握りしめていた。だから、

ＬＥＥの仮置き場の突端近くまで進んだときは、恐怖心がそれ以上心を支配してしまわないようにするため、周りをなるべく見ないようにしたという。

「「集中、集中」と思いながら手元だけを見ていました。可能性は低くても、宇宙ゴミがぶつかって宇宙服に穴が開く可能性もありますし、高所恐怖症と似たような感じで、地に足が着かないというか。

もちろん命綱をつけているので、宇宙空間に放り投げられても戻って来られるのは分かっています。でも、それでも構造体から両手を離してふわふわ浮かんで作業するのは、心理的にすごいハードルがありました。もし構造体から離れて命綱がなければ、空気がなくなるまで軌道上を漂うことになるんだ、というイメージが拭い去れなくて、手すりを離すのが本当に怖かったんです」

——船外活動の訓練は水中で何度も行なっているわけですが、実際の船外活動は訓練とも全く異なるものだったのでしょうか？

「水中訓練には無重力を模擬するためのサポートダイバーがいて、沈みそうになる身体を支えてくれますし、浮かび上がりそうになったら押さえてくれます。道具も水中では沈んでしまいますから、手で支えて無重力状態を模擬するわけです。だから、作業は全く同じではあるのですが、訓練をしている最中は周りに人がいて、けっこう賑やかなんですね。

ところが宇宙空間に出たときに感じたのは、相棒とたった二人だけしかここにいない、という孤独感でした。ハッチを出た瞬間から、この世界には二人しかいない。地上の管制官が無線で指示を出してはくれるけれど、とても孤独なんです。もし自分がへまをしたら命取りになるし、そのミスも自分たちだけでリカバーしないといけないという緊張感もある。あの孤独感は、そうですね、少し程度は落ちるかもしれませんが、手術のときに自分が執刀医で、患者さんのお腹を開くときに似ていたかもしれません」

しかし、金井がこの体験の「意味」をさらに深く考えることがあるとしたら、それはもっと時間が経ってからのことなのだろう。金井はEVAの体験を印象的なものとして語ったが、あらためて宇宙体験の全体としての感想を聞いても、「やはり宇宙は普通の場所だった」という思いは揺るがないようだった。

旧世代とのギャップ

ところで、金井は宇宙から帰還して日本に戻った後、しばらくして毛利衛と野口聡一という二人の先輩飛行士に誘われ、三人で食事をしながら宇宙での体験を話した。そのときも宇宙体験の「意味」について話題が及ぶと、自分にとってはあくまでもキャリアのなかでの一つのイベントに過ぎなかった、と毛利と野口に素直な感想を語ったという。

するとニ人の飛行士は、

「宇宙に行った経験はそれでも君の人生を大きく変えているんだ。宇宙に行かなかった君の人生と宇宙に行ったいまの人生とには、決定的な違いがある。それにいま君自身は気づいていないかもしれないけれど、これから何年も人生経験を重ねていくうちに、あるとき「ああ」と振り返って気づくこともあるはずだ」

と、口をそろえて話したそうだ。

毛利・野口という宇宙飛行士と金井のこのエピソードは、従来の宇宙飛行士と「新世代」の邂逅(かいこう)という意味で象徴的なものであったかもしれない。

例えば、野口は「15歳の寺子屋」という講談社の青少年向けシリーズの一冊『宇宙少年』のなかで、〈先輩宇宙飛行士である毛利衛さんから、おもしろい話を聞いたことがあります〉とこんなエピソードを紹介している。

「地球を見ながら、ふっと思ったんだよ。糸でつながれているんじゃないかなって」と毛利さん。

「それでね、思わず地球を見直してみたんですよ。地球をぶら下げている糸がないかどうか。周りをよーく見てみたんだけど、やっぱり糸なんてつながってないんだね」

野口はこの話を聞いて、〈二回も宇宙に行った人が何を言うんだろう？　そんなの当たり前じゃないか〉と思ったと書いている。だが、実際にＩＳＳに行って地球を見ると、〈これ、誰かが作って回しているんじゃないかな？　本当に、浮いているのかな？〉と自分も同じような気持ちになったのだという。

果てしなく広い漆黒の宇宙空間のなかに、ぽつんとうかんでいる地球の姿はあまりにも完璧に見えました。だから、かえって信じられないような気さえしてきて、目を凝らしてしまうのです。

地球が宇宙に浮かぶひとつの星であること、それが青く丸いこと、自転していること……。当たり前だと思っていたそれらのことを、もう一度自分の目で見て問い直そうとしてみる。それが、宇宙から地球をみたときに僕の心に起きた現象なのです。

「宇宙で何をしてきたか」が問われる時代

こうした情感溢れる言葉は、どんな角度から質問をしても金井からは決して出てこないものだ。その意味でも彼の話した次のような意見は、油井や大西とともに「新世代宇宙飛行士」と呼ばれる一人としての自負が感じられた。

「お二人の先輩と自分との違いとして、やはり「時代」の違いもあるんじゃないかと私は思うんです。国際宇宙ステーションプログラムに日本が参加して、日本人が宇宙に行くこと自体に大きな意味と期待が課せられるなかで毛利さんは宇宙に行った。また、野口さんは（スペースシャトル・コロンビア号の）事故で同僚を亡くし、それでも自分が宇宙に行く必要があるのかと悩みながらミッションを遂行しました。

対して私を含む「新世代」と呼ばれる三人は、宇宙に行くのは当たり前、宇宙で何をしてきたかが厳しく問われる社会環境のなかで、宇宙飛行士として養成されたわけです。より厳しい言葉で言えば、「宇宙に行って遊んでいるんじゃないの」という声さえあるなかで、何のために六か月間も宇宙ステーションにいるのかという問いに、きちんと答えられるよう訓練をしてきた。そうした時代や社会環境の違いが、私たちの宇宙飛行士観や宇宙に対する考え方の違いになって表れているという気がします。その意味で、先輩方が感じたこともその時代時代の状況を反映したもので、いまの考え方にはあまり合致しないのではないかと思います」

そう素直な気持ちを伝えると、二人は一応の理解を示しつつも、「そうは言っても……」という表情をしたと金井は感じたという。

「現在は、「自分の人生や人間を変えるような深い経験だったのかなぁ」とちょっと疑わしく、そんなことはないんじゃないかな、と思っているのが正直なところですが、お二人の言うようにそれもいつか変化していくのかもしれない。これから五年、一〇年と経って、この体験の意味があらためて思い返されたり……。とにかくいまは悩みながら、考えながら仕事をしているところですね」

金井はそれを自身に残された「宿題」であるかのように語った。

こうした金井の話に触れて私が想起するのは、例えば高所登山の歴史だ。

宇宙飛行士は自らの宇宙体験を語るとき、それをよく登山に喩える。地上にいるときは見えなかった風景や感じられなかった感情を、はるか遠くに見えた山の頂に立つことで人は初めて知る。それが誰も登った経験のない場所であれば、冒険者はそこからの風景に神を見出すこともあるかもしれない。

だが、一九五三年に人類初のエベレスト登頂を果たしたエドモンド・ヒラリーやテンジン・ノルゲイの時代と、頂上間近の稜線で登山者の渋滞ができる現在とでは、頂上で見る風景も胸に抱く感情も何から何まで異なるだろう。人がたどり着けないときは特別であった場所も、人間の活動が押し広げられることで、その神秘性は自ずと失われていく。

金井が繰り返し語ったのも、ＩＳＳのある地球の低軌道はそれに似ているということだった。宇宙にたどり着くこと自体が冒険だった時代を経て、現在は宇宙に絶えず誰かが滞在している時代に入った。ＮＡＳＡは二〇二〇年内に六〇億円超という価格でＩＳＳへの「宇宙旅行」を認める方針も発表しており、宇宙体験は職業的な宇宙飛行士だけが独占するものではなくなりつつある。

しかし、金井は将来、日本も参加する予定の月面探査のミッションなどにも、宇宙飛行士として携わっていく可能性が高いはずだ。たとえば、アポロ計画の飛行士たちのように月にたどり着き、そこから遠い地球を眺めたときに彼はどのような思いを抱くのか。いつかその話を聞く機会があることを私は期待したいと思った。

第3章

地球は生きている

——山崎直子と毛利衛が語る全地球という惑星観

スペースシャトル「ディスカバリー号」の打上げ
提供：JAXA/NASA

地球の「手ざわり」

「秋山さんの〝土に帰る〟という選択には、共感するものがあります」

と、山崎直子は言った。

「というのも、私が宇宙から地球に戻ってきたとき、いまでもよく覚えているのが空気やそよ風の感じ、土の感触や水の冷たさなんです。地球を形作っているその一つひとつが、本当にスゴいな、って思った。これまで当たり前のものとして見ていた景色が、宇宙から帰って来てからは本当に美しく感じられたんです――」

現在、宇宙飛行士が滞在している国際宇宙ステーション（ＩＳＳ）は、地上四〇〇キロメートルの軌道上を周回している。

秒速は約七・七キロメートルで、地球を一周するのにかかる時間は約九〇分。ＩＳＳに滞在するたった三～六人の飛行士だけが、私たち人類のなかでこの瞬間も地球の昼と夜とをそうして繰り返し見続けているわけだ。

「サッカー場くらいの広さ」と喩えられる全長約一〇八メートルのＩＳＳは一九八四年、当時のアメリカ大統領ロナルド・レーガンが一般教書演説で提唱したことに始まるプロジェクトである。

六〇年代のアポロ計画以来、アメリカはソ連との宇宙開発競争のなかで、スカイラブ計画などの宇宙開発を続けてきた。スペースシャトル計画に続くこの計画は一〇年以内に地球軌道上へ宇宙基地を作るというもので、当初は「宇宙基地フリーダム」と呼ばれていた。

レーガンによる提唱の翌年、計画にはＮＡＳＡの他に日本、カナダ、ヨーロッパ（欧州宇宙機関。ＥＳＡ）が加わるが、その進捗にとって大きな転換点になったのは一九九三年のロシアの参加である。

キューポラに乗って

ソ連は秋山も滞在した宇宙ステーション「ミール」を運用していたが、一九九一年の体制崩壊で宇宙開発も大きな影響を受ける。そんななか、アメリカとロシアは様々な思惑のなかで協力を進め、一九九六年にはスペースシャトルとミールのランデブー飛行、並びにドッキングが行なわれるなど、米露が協調する現在の宇宙開発体制への地ならしが始まっていく。

ＩＳＳの建設が実際に開始されたのは一九九八年、ロシア製の基本機能モジュール「ザーリャ」の打ち上げを振り出しに、これまで各モジュールがつなげられてきた（ちなみに、日本の実験棟「きぼう」は二〇〇八年から〇九年にかけて組み立てられている）。

結果的にＩＳＳは、長さ一〇八・四メートル×七四メートル、体積は一二〇〇立方メートル、最大六名が搭乗可能な宇宙基地となり、現在は世界一五カ国の国際協力プロジェクトとして二〇二四年までの運用が予定されている。

そのようなＩＳＳのモジュールの一つに、七枚の窓とロボットアームの操作盤を備えるキューポラという観測用モジュールがある。

ＥＳＡが製造を担当し、二〇一〇年二月のエンデバー号によるミッションで第三結合部「トランクウィリティー」に取り付けられたキューポラは、直径二メートル高さ一・五メートルほどの小さな操作室で、その中心の丸い天窓は常に地球の側を向いている。そこからの地球の眺めは数々の宇宙飛行士を魅了してきた。

山崎直子もその一人だった。

「真上」に地球が輝いていた

二〇一〇年四月にスペースシャトル・ディスカバリー号のミッションでISSに滞在した山崎は、このキューポラに初めて宙を漂いながら入ったとき、地球が〝真上〟に輝いていたことが何よりも印象的だったと振り返る。

宇宙には地上から打ち上げられて向かうため、窓から見る地球は自分の〝下〟にあるものだと彼女はそれまで考えていた。

だが、「どれくらいの〝高さ〟まで行くと地球が見えるのかな」と思っていると、実際には窓の位置の関係もあり、地球は〝上〟の方に見えた。キューポラの窓の向こういっぱいに広がる地球を見上げる姿勢になった彼女は、そのとき「空に高く飛び上がったのではなく、自分の方が低く沈んできたんだ」という感覚を抱いた。

彼女がその瞬間を忘れられないのは、それがISSに来るまでは想像していなかった感覚だったからだ。

「宮崎駿さんの『風の谷のナウシカ』に、腐海の底に沈んだ主人公たちが上の方の光を眺めるシーンが出てきますが、それによく似ていると思いました。自分の方が世界の底に沈んでいて、でも、その先には光に満ちた世界があって、というか……」

二〇〇一年、選抜試験に合格

向井千秋に次ぐ日本人女性として二人目の宇宙飛行士である山崎は、ディスカバリー号でのミッションの際は三九歳だった。宇宙飛行士選抜試験に合格したのは一九九九年。それまでは後にJAXAとなるNASDA（宇宙開発事業団）のエンジニアとして、日本実験棟「きぼう」のシステム開発や、同じくISSに搭載される生命科学実験施設「セントリフュージ」の設計などを担当していた。

彼女にとって宇宙飛行士になることは、幼い頃から胸に抱き続けた夢だった。『銀河鉄道999』や『宇宙戦艦ヤマト』といったSFアニメが大好きだったのも理由だが、その決定的なきっかけとして挙げるのは、毛利による飛行の延期のきっかけとなった、一九八六年一月二八日のスペースシャトル・チャレンジャー号の事故だ。

その日、中学三年生だった彼女は、自宅で間近に迫った高校受験の勉強をしていた、と自著『夢をつなぐ』で書いている。

フロリダ州のケネディ宇宙センターからの打ち上げの模様は世界中で生中継されて

おり、お茶の間の炬燵(こたつ)で〈BGMがわり〉につけていたテレビに突如映し出された映像に彼女は目を奪われた。まるで大蛇がのたうち回るような分厚い白煙が、フロリダの青い空に帯となって舞い上がっていたからだ。

七名の搭乗員全員が死亡したこの事故は、ブースターロケットの接続部に使用されていたOリングの不具合が原因とされている。当日の打ち上げ時の気温は零下一～二度で、従来の打ち上げ時よりも一〇度以上低かった。そのためOリングの弾性が失われ、ジョイント部からの燃料漏れが起こった。そもそもの設計ミスも後に明らかとなり、二年半にわたってスペースシャトルの打ち上げが凍結されるなど、事故はアメリカのスペースシャトル計画に多大な影響を与えた。

悲劇的な結末となった、このチャレンジャー号によるSTS51―Lというミッションには、初の黒人宇宙飛行士ロナルド・マクネイアやアジア系宇宙飛行士のエリソン・オニヅカに加え、やはり初めて民間人として選ばれた高校教諭で、二児の母であるクリスタ・マコーリフが搭乗していたことでも話題となっていた。

当時、NASAで宇宙飛行士選抜の最終試験を受けていた向井千秋は、この事故についての思いを次のように語っている。

「例えばオニヅカさんは日系人という縁もあったのでしょう、最終試験を受けている私たちにいろんなコメントをくれていたんです。その彼が亡くなったのは本当に悲しかった。いまは地球というものが小さくて、壊す気があれば壊せてしまうものだと分かっているけれど、あの頃というのは、私たちがまだ科学技術を過信していたところがあったと思うんです。自分たちは科学技術によって何でもできるし、環境を変えて生活していける、と信じていた時代だった。だけど、チャレンジャー号の事故を見たとき、私はその神話が自分のなかで崩れたように感じました。畏敬の念を持っていたアメリカの技術の粋を集めたスペースシャトルが、あんなふうに爆発するなんて微塵も想像していませんでしたから」

向井は凄まじい爆発の炎と煙を見たが、一方で「衛星の映像に映るフロリダ半島の写真では、その爆発もほんの糸筋のような煙に過ぎなかった」と振り返る。

「自然界に比べたら人間のやっていることなんて大したことないんだ、と実感させられた思いでした。そして、あの事故と同じ年に、チェルノブイリで原発事故が起こるわけです。その時期から科学技術を過信していた時代が終わった、と私は思っています」

チャレンジャー号の事故は向井、毛利、土井の「第一世代」の宇宙飛行の計画に深刻な影響を与えたわけだが、同じときに遠く離れた日本の中学生だった山崎もまた、この事故に人生の向かう先が変わるほどの影響を受けた一人となったのだ。

中学生の彼女はチャレンジャー号の事故を、向井のように大きな視野で捉えたわけではもちろんなかった。だが、その映像は衝撃的なものだった。

そして、将来は学校の教師になるつもりでいた山崎がとりわけ忘れられなかったのが、亡くなった搭乗員のなかにクリスタという高校教諭の女性がいたことだった。一介の教師が宇宙飛行士として宇宙へ行く——それは自身の現実的な目標と夢を結びつける象徴的な経歴に思えたからである。

クリスタ・マコーリフの事故死

彼女が自著の題名に『夢をつなぐ』とつけたのも、チャレンジャー号の事故で亡くなったそのクリスタ・マコーリフの存在が関係している。

クリスタはニューハンプシャー州在住の高校教諭で、社会科を教えていた。ミッションでは宇宙から地上の子供たちへの公開授業も予定されており、他の宇宙飛行士とともに笑う彼女の笑顔が山崎の胸に印象深く残っていた。そこで彼女は「宇宙は幼い頃からの私の夢を実現させるただ一つのチャンスなのです」というクリスタの言葉を引き、自著に次のように書いた。

〈彼女の夢は、みんなの夢は、これで終わりじゃない。きっと後につながっていく。私もそれをつないでいけないだろうか……〉

女性であり、妻であり、母であり、教師であり、そして何よりも宇宙飛行士であったクリスタ。彼女の夢、彼女の希望は、極東の小さな国に住む一五歳の少女だった私の心に、自分でも気づかないうちに、深く刻み込まれたのだった〉

山崎直子が宇宙飛行士になるまで

お茶の水女子大学附属高校を卒業した山崎は一九八九年、東京大学の工学部に進学して宇宙輸送システムの研究をした。その後も、メリーランド大学に留学してロボット工学やＡＩなどについて学び、最終的には東大の大学院で宇宙工学の修士課程まで進んでいる。

卒業設計では、〈二〇個ほどの個室カプセルが回転し、人工重力を発生させる〉という長期滞在型の宇宙ホテルを考案したという。こうした経歴からも分かる通り、彼女がＮＡＳＤＡを就職先に選んだ理由は、宇宙開発の最前線の現場でその経験を活かしたいと考えたからであった。

山崎はアメリカに留学中も宇宙飛行士の選抜試験に応募したが、三年以上の実務経験が条件になっていたため、書類選考の段階で落選している。そんななか、二度目の機会となったのが一九九八年に募集された宇宙飛行士選抜試験だった。

ただ、星出彰彦や古川聡とともに選抜された彼女が、実際に宇宙に行くまでにはさらに一〇年近い時間が必要だった。そして、二八歳で宇宙飛行士候補となった彼女の日々は、その歳月のあいだに様々な形で翻弄されることになる。

まず一つは、第二章でも触れた二〇〇三年二月一日のコロンビア号の事故である。山崎はISSの組み立てミッションにも従事する地上管制官の男性と三年前に結婚しており、その頃は長女が生まれたばかりで、ちょうど育児休暇をとっているところだった。

コロンビア号の事故は、彼女が中学生のときに衝撃を受けたチャレンジャー号のケースと同じく、アメリカのスペースシャトル計画に大きな打撃を与えた。スペースシャトルの打ち上げは再び二年間延期され、一か月後に予定されていた野口聡一の初ミッションも見通しが立たなくなってしまう。

山崎が最も影響を受けたのは、この事故をきっかけにNASDAが行なった日本人宇宙飛行士の処遇についての方針転換だった。

ＮＡＳＤＡは日本人宇宙飛行士のミッション参加の可能性を増やすため、従来のＩＳＳの長期滞在資格に加え、ロシアのソユーズとスペースシャトルの双方の搭乗資格の取得を目指すことにした。以後、それまで日本を拠点に活動していた彼女（と星出と古川）は、資格を取るためにヒューストンやロシアでの長期訓練に参加する必要に迫られた。

家庭と宇宙の両立

山崎の著作を読んでいて何よりも強く伝わってくるのは、宇宙飛行士という仕事と家庭生活の両立が、ときにいかに難しいものになるかという現実だ。

彼女は日本にいるうちは夫と育児休暇を交互に取り、保育園を利用しながら子育てと仕事を両立させていたものの、一年弱にわたるロシア滞在では単身での赴任をせざるを得なかった。

このロシア滞在の頃から家族の葛藤が深まり始めた、と山崎は振り返っている。

翌年から、今度はヒューストンでの二年間以上を予定する訓練（スペースシャトルのミッションスペシャリストの資格を得るためのもの〉が始まるのだが、なんとそれはロシアから帰国してからわずか一〇日後のことだったというのだから、宇宙飛行士としての仕事を全うするためには家族の協力が不可欠だった。

そうしたアメリカへの赴任を機に夫が一時的に仕事を辞めるのだが、同国でのビザをめぐる混乱にも翻弄されて再就職がままならなかった。宇宙関連の仕事を夢見ていた夫との関係がギクシャクし、山崎は夫婦関係の修復を必死に試みるものの、最終的に結婚生活は離婚調停で話し合いをするまでになったという。

陸上自衛官だった父から〈仕事はチームでやるものである。チームで取り組み、目標をクリアした時に初めて、個人としての素晴らしい達成感を味わうことができる〉と繰り返し言われて育ったという山崎は、宇宙飛行士という〈日本の国家プロジェクトであり、同時にアメリカ、カナダ、ロシアなどの国際的なプロジェクトに組み込まれてもいる〉仕事が自分に合っていると感じてきた。

だが、家庭内の事情によって、次第にその〈国家プロジェクトと夫の板挟みになっていた〉と、当時の心境を吐露している。難関の宇宙飛行士選抜試験に合格し、国家の威信を背負ってミッションに挑むというのが宇宙飛行士の立場であり、彼女は〈組織の立場、夫の立場、私の立場、それぞれの異なる立場にどう折り合いをつけていったらいいのか〉と深く思い悩みながら、ヒューストンでの訓練を続けなければならなかった。

「宇宙に行くときは「出張届」を本当に出したんですよ。普段の出張時と同じフォーマットの書類に、「地球周回　低軌道」と書くんです。でも、ホテル代も必要ないですし、宇宙食も支給されるので、出張手当は逆につかないのですが、形としては出張扱いということですね」

人生をかけて空に

インタビューの際はそう言って笑った山崎だが、コロンビア号の事故や家族や母としての葛藤を乗り越えて宇宙飛行士を続けようとしていた当時の彼女にとって、宇宙ミッションへの参加はもはや「仕事」や「出張」以上の何かでなければならなかったはずである。

実際、ISSでのミッションを経験してから七年以上が経ったいまも、彼女は次のような思いを抱えているのである。

「あのとき七歳だった長女もいまは中学校三年生になりました。ちょうど思春期だったり、反抗期だったりという年頃ですよね。その彼女が最近、「わたしも大人になったら宇宙の仕事ができるかな……」と言っていたんです。「ママが宇宙ステーションに行ったんだから、わたしは月まで行きたいな」とか、「でも、訓練は大変そうだなあ」とか。宇宙に関心は持ってくれているようですね。日本で生まれて、一歳からロシアに行ったりアメリカに行ったりという感じでしたから、彼女にとってもその日々が思い返されることがあるのかもしれません。

私は訓練を一一年間もやったので、たくさんの人から「大変だったでしょう」と言われるんですけれど、自分は好きでやっていたのだから、大変だろうと何だろうと構わなかった。でも、一緒にいる家族は大変だったと思うし、感謝の気持ちをずっと抱いています。いま思えば、私がそうまでして宇宙に行こうとしたのは、当時はあまりいろんなことが分かっていなかったからかもしれません。単純に子供の頃から宇宙が好きだったし、エンジニアになって宇宙ステーションに行けたら本望だと思っていた。そのなかで宇宙飛行士の選抜に受かったのだから、それはもう、やるしかなかったわけです。

でも、訓練の過程でコロンビア号の事故があり、いろんなリスクを感じるようになりました。さらには子供や主人の人生との折り合いをどうつけるのか、というせめぎ合いがありました。そのせめぎ合いが実際に宇宙に行ったことによって、「それでも良かったな」と思えるものになったかどうかは、正直に言ってまだ分かりません。ただ、いつか心の底から「それでも良かった」と思えるようになるためにも、頑張っていかなければならないという思いがあります」

山崎がたどり着いた宇宙とは、そのように様々な葛藤の末にようやく到達した場所だったのである。

彼女は打ち上げ前の心境を自著のなかで書いている。

〈宇宙飛行士の心情は、マラソンを走るランナーに似ていると思う。宇宙飛行士候補者になったときから走り始め、ミッションが決まったときがゴールが視界に見える時期、そして打ち上げが最終コーナーを回るときだ。今私は、最終コーナー直前まで来ている。その瞬間が来るまで、五感を研ぎ澄まし、これまで自分のやって来たこと、自分の人生のすべてを一瞬のうちに解き放とうとしている〉

ＳＴＳ－１３１ミッション

では、彼女はそこで何を見て、何を感じたのか。

「私がそういう一一年間の訓練と葛藤を経て宇宙に行ったことは、宇宙から地球を見て何を感じたかということにも深く影響を与えているでしょう。もしもっと気楽な〝宇宙旅行〟として行っていたら、全く別の感情を抱いたかもしれないと思いますから」

山崎はスペースシャトルのミッションスペシャリスト（搭乗運用技術者）となり、二〇一〇年四月五日に始まるSTS－131ミッションでは「ロードマスター」と呼ばれる物資移送全般の責任者として仕事をした。

ISSでは先に到着していた野口聡一に迎えられた後、ロボットアームを操作して多目的補給モジュール「レオナルド」をディスカバリー号の貨物室から移動させている。また、実験設備や物資の搬入作業も、彼女が担当した重要な任務だった。どれもISSの組み立てに関する作業である。

そのISSへ向かう道中で印象的だったのは、スペースシャトルのレーダーに使用するアンテナが故障したため、ISSとのドッキングをバックアップ手段で行なった瞬間だ。

本来、ISSへはレーダーによって距離とスピードを測りながら近づいていくのだが、このときは星の位置を頼りにしたドッキングが行なわれた。

スペースシャトルの表面の問題の有無をISS側のカメラで確認するため、機体は直前にぐるりと三六〇度回転させてから、ゆっくりとドッキング機構部へと近づいていった。船長のバックアップとして製図板を見ながら宇宙を「航海」した彼女は、「こういう感覚で月や火星に人が行く時代が、いつかやってくるのかもしれないな」とふと感じたという。

このように最後の最後まで課題が生じるなかで、山崎は一一年越しの目標であり続けたISSに到着した。そうして仰ぐように見たのが、キューポラの七枚の窓の先で青く光り輝く地球の姿だった。

「そうして見える地球は、あまりに崇高な存在に見えました」

と、彼女は振り返る。

その見上げた地球の背後に、宇宙空間の漆黒の闇がただただ広がっていた。昼間の地球はその闇に縁どられるようにして、神々しいほどの輝きを放っていた。

闇と地球とを分ける縁の部分の空気は青々と光り、海がきらきらと輝いている。その上を驚くほどくっきりとした白い雲が動いていく。

しばらくすると一転して地表は影に覆われて真っ暗になり、都市や街のある場所に光が目立ち始めた。経済の豊かな地域ではその光が網目のように張られており、昼間は見えなかった人間の営みが見えた。

そのように表情を変え続ける地球は見ていて飽きることがなかった。金井宣茂は「テレビで見るのと同じだ」と最初に感じた地球が、しばらくすると存在感を抱かせるものになっていったと語っていたが、山崎も次第にこう感じるようになったと言う。

「その様子を見ていると、私には地球自体が一つの生き物のように感じられてきたんです。「宇宙船地球号」という言葉もありますが、本当にそれ自体が一つの生命であるように思えて――」

ISSへの長期滞在ミッションの最中であった野口聡一に対して、一五日間という短期フライトチームの一員だった山崎は、寝る時間も惜しむほど多忙なスケジュールで仕事をこなした。だから、彼女が心にゆとりをもって、ゆっくりと地球の姿を見つめられる時間はそれほどなかったと言える。

だが、次々とやってくる忙しない作業の合間や、船内を移動する途中、ときにはロボットアームを操作するモニター越しに彼女は外の景色を見たし、夕食の後、寝るまでの間の唯一と言っていい自由時間には、一人で写真を撮ったり、仲間のクルーと地球を眺めたりして過ごした。

そんなとき、同じチームのアメリカ人飛行士の一人が、ノートに挟んで持ってきた聖書の一節を取り出し、それを読みながら祈りを捧げていた。

特定の信仰を持たない彼女は交通安全のお守りを持参していたが、お祈りをする飛行士の姿を見ていると、「宇宙って本当に広いし美しいな。誰か、それともサムシング・グレイトが作ったかどうかは分からないけれど、とにかく美しいなあ」とただひたすらに思った。

「懐かしい」宇宙

ＩＳＳが地球の周りを約九〇分で周回しているのと同様に、地球も太陽の周りを三六五日間かけて回っている。そうであるならば、ＩＳＳは人類が作った地球の〈ミニチュア〉のようなものであり、その地球もまたＩＳＳと同じ宇宙船と呼んで確かにいいのかもしれない……と彼女は考えた。

そして、忙しい作業の合間に地球を眺めるうち、彼女は次第に「生命と地球はとても似ている」とも感じるようになる。

例えば、人間は六〇兆個の細胞が合わさって出来ており、同時に身体にはたくさんの菌が同居している。こうして宇宙から眺めていると、地球も同じように無数の生き物が共生して形作られている一個の生命みたいなものだ。約五〇億年後には太陽に飲みこまれてしまうという「寿命」があることも、そんな思いをひときわ強めた、と。

「ぶつかったり合体したりを繰り返しながら、生まれては塵に戻ることを繰り返している星々もそう。そのような大きなスケールで見れば、地球もまた一つの生命体だという言い方をしてもいいのではないでしょうか」

また、山崎の話を聞いていてもう一つ興味深かったのは、約八年前の宇宙体験をこうした言葉で表現する彼女が、宇宙空間に到達したときの心境を「すごくファミリア、懐かしい感じがした」とも振り返ったことだ。

ヒューストン宇宙基地から宇宙に向かった彼女は、その「懐かしさ」を無重力状態になった瞬間から感じた。

訓練中も飛行機の急降下による二〇秒ほどの無重力状態を何度も体験してきた。だが、向井千秋の語った感想とは異なり、宇宙での無制限の無重力状態に身を置く体験は、山崎には訓練による疑似的な体験とは全くの別物であると感じられた。

「宇宙に来たのは初めてなのに、そんなふうに感じるのが本当に不思議でした。ちょっと大げさに聞こえるかもしれませんが、細胞の一つひとつ、身体自体が懐かしがっている気がしたんです。あまりに不思議なので、一緒に飛んだクルーや仲間にも聞いてみました。すると、何人かが「同じようなファミリアな感覚があった」と言っていたので、ああ、私だけじゃないんだ、と。

人の体験には時間が経つにつれて忘れていくものと、逆に大きくなってくるものがあります。細部の記憶が薄れていくなかで時間が経つほどに強まっている一つが、私にとっては無重力に到達したときのその感覚ですね。いまでもときどき、ふっと寝起きのときなんかに甦ることがあるんです」

近年の宇宙実験の成果からは、個々の動物細胞が重力を感知することが分かっているという。その研究は宇宙飛行による筋萎縮や骨の量の減少のメカニズムを解明し、ひいては新しい医学的な治療開発を目指すものだが、彼女は自らの抱いた感情とそれを結び付けて語った。

「その実験結果と「懐かしい」という感覚には、確かに飛躍があるでしょう」と彼女は付け加える。だが、当時の宇宙体験を言葉によって意味付け、説明しようとするとき、その考え方は魅力的なものだったようだ。

「私の身体も宇宙の欠片(かけら)でできていて、この地球も宇宙の欠片、星の欠片であるわけですから、やはり宇宙というのは「故郷」と言って嘘ではないんだろうな、って。あの瞬間に感じたのは「あ、すごく懐かしい」という言葉にならない感覚でしたが、後になって敢えて意味付けてみると、自分の体験がそんなふうに説明できる気がしたんです――」

理屈ぬきの感覚

ＪＡＸＡの宇宙飛行士は立場的には団体職員の一人に過ぎず、普段は組織のなかで他の職員と机を並べて仕事をしている。

唯一特別なのはメディア対応で、広報を通じて公務を行なうこと、政治活動や商業活動、慈善活動の禁止といった行動規範がある。

帰還後の飛行士はその規範に従って様々な活動や任務に当たるのだが、山崎は自身のキャリアについて悩む日々を続けた後、半年後に日本へ帰国してからは休暇を取り、古巣の東京大学で非常勤の研究員をしばらく続けた。そして、二人目の妊娠を機にＪＡＸＡを離れた彼女は現在、民間の立場から日本の宇宙開発への提言や子供向けの宇宙教育など、様々な事業に携わっている。

そのような日々の活動で彼女が語ることのベースとなっているのが、これまで描いてきた宇宙飛行士としての経験であるのは言うまでもない。

「とくに宇宙に行く前と後とで変わったのは、「持続可能な社会」というキーワードで語られる物事を、理屈としてではなく感覚としてその通りだなと捉えるようになったことですね」

と、山崎は語る。

「だから、地球に帰って以来、私はもっとたくさんの人が宇宙に行く社会が実現されて欲しいと考えるようになりました」

なぜなら、いまもこの世界には多くの情報が氾濫し、様々な地域で人間同士の紛争も起こっている。だが、少しでも場所や時代が違うと、その全てが他人事に思えてしまうような時代を私たちは生きている。

そんななか、もし地球が一つの宇宙船であるという「あの理屈抜きの感覚」を多くの人が持つようになれば、これまでは遠いものとしか感じられなかった世界中の問題を、自分の問題として捉えられるようになるのではないか。

「月でも火星でも、いつか恒久的に地球以外の場所に人が住めるようになったとき、私たちは自明のものとしている地球でのシステムや考え方を見直さなければならなくなるはずです。彼らの国籍はどうするのか、彼らがネットで決済をしたときの税金はどこに納めるのか、といったことも決めなければなりませんし、そのなかで地球上にある多くの垣根が少しは取り払われる可能性があると思うんです」

エコロジーとしての宇宙体験

ところで、山崎の語るこの「宇宙船地球号」という「理屈抜きの実感」は、他の宇宙飛行士も言葉を変えて語る感覚である。

例えば、彼女よりもはるかにドライに宇宙体験を話した金井宣茂であっても、地球の捉え方の変化については次のような感想を述べていた。

「自分の宇宙体験の「意味」について敢えて言うのであれば、宇宙ステーションって空気も水もリサイクルして、なるべくリソースを使わないようにすることで人間の居住環境を守っているんです。言ってみればそこは小さな地球であって、そこに暮らしていると宇宙ステーションが地球そのものをモデルとした空間であるのだと強く実感しました。地球自身も宇宙船と同じ大きなシステムだとすれば、水や空気を循環してリサイクルし、環境を守っている存在なんだな、と思ったんです。

そういう宇宙からの視点で地球を捉えられるようになれば、「我々が住む環境とは何か」「我々が住む地球とは何か」と考えるとき、これまでとは異なる発想が出てくるのではないか。もし宇宙がもっと身近になって、そういう体感をした人が世のなかに増えていくと、宇宙的な思想が生まれてもおかしくはないし、社会のあり方が変わっていくように感じました」

毛利衛の語った「ユニバソロジ」

また、山崎が話した地球を一つの生命体だと感じたという感覚も、同様に他の宇宙飛行士が言葉を変えて語る感覚の一つだった。彼女とともにＩＳＳに滞在した野口聡一（彼については後に述べる）がそうであったし、さらにはその種の感覚についての思考を意識的に深め、〈ユニバソロジ〉という造語で積極的に表現したのが毛利衛である。

日本人として初めてスペースシャトルで宇宙ミッションに参加した毛利は、一九九二年と二〇〇〇年の二度、宇宙で仕事をした。言わずと知れた日本人宇宙飛行士の草分けだ。

一九八五年にＮＡＳＤＡによる第一回宇宙飛行士試験に合格し、向井千秋、土井隆雄とともに宇宙飛行士に選ばれた毛利は、北海道大学工学部で材料研究などを行なう研究者だった。

自著『宇宙からの贈りもの』によると、毛利は子供の頃から宇宙に憧れを抱いており、世界初の人工衛星スプートニクが夜空を横切る光を、生まれ故郷の北海道余市町から見上げるような少年だったという。

一九六一年に旧ソ連のユーリ・ガガーリンが初めて有人宇宙飛行に成功したときは一三歳。〈ほんものの人間ガガーリンが宇宙から帰ってきたときは、興奮も最大に達し、テレビに映っているガガーリンと一緒に写真を撮ってもらうほどに、私は宇宙飛行にあこがれていました〉と振り返っている。

続けて毛利が綴っているのが、一五歳のときに兄と一緒に皆既日食を見た体験だ。前日の夜に網走市の目的地で〈全天に降るような星を見ながら野宿〉した早朝、オホーツク海を臨む高台で、彼は日食が観測できるのを待った。だが、海の水平線の近くには雲が出ており、太陽はなかなか姿を見せない。〈三日月形の真っ赤なとがった太陽〉が現れたのは、観測を諦めかけていた瞬間だったという。

そうして見つめた日食の次のような様子は、後に核融合研究の科学者となる彼の原風景となった。

〈雲から全体があらわれるころには、太陽はすでにほとんど月に飲みこまれていました。太陽が完全に月の後ろに隠れた瞬間、コロナがワーッと広がり、冷たい風がオホーツクの海から吹き上げ、まわりの葦がザワザワと音をたてて揺れました。カラスの群が、変な鳴き声をあげながら、高台から海のほうへ飛んでいくのも印象的でした。

この間わずか三〇秒足らず。一瞬ダイヤモンドリングがパーッと光ったかと思うと、もう目を開けられないほどの輝きと暖かさで、太陽はふたたび顔をあらわしました。このときの太陽のありがたさは忘れられません。カラスの群もふたたび、安心したように高台のほうに向かってやってきます〉

それはわずかな時間に目まぐるしく展開した神秘的な光景であり、〈科学の知識で正確に自然の大ドラマである日食の場所と時間を予測できること、しかし人間の科学の力でもとうていおよばない世界があることを、同時にこの三〇秒間は教えてくれた〉と毛利は書いている。

そんな彼が「すべての現象に共通な概念を含むものの見方」と解説する〈ユニバソロジ〉という概念を作り出したのは、一度目の宇宙ミッションでエンデバー号の実験室にいたときの経験がきっかけだった。

すべては調和のもとにある

毛利は宇宙から地球を見たとき、まずそれが一つの生命体であるように感じたが、さらに研究の一つとして猿の腎臓細胞を顕微鏡で見ていた際、その細胞の形が〈スペースシャトルの円い窓から見える地球の湖や砂丘に似ていること〉に気付いたと振り返っている。

〈かたや数十～数百キロメートルのサイズで、もう一方は数十マイクロメートル（μm $=10^{-6}$ m）のサイズです。私は核融合材料の研究をしていたとき、電子顕微鏡でさまざまな物質の表面を観察していました。それはさらに小さい数百ナノメートル（nm $=10^{-9}$ m）のサイズです。

宇宙にいるとき、これらの相似に妙な実感を覚えました。それぞれのサイズで自然は調和しているという感覚です。すべては連続した全体の一部であるという世界観です。私はこの概念を、時間的尺度もとりいれてもう少しふくらませ、「ユニバソロジ」的なものの見方に展開しようと思いました〉

一度目の宇宙体験で得たこの「感覚」をもとに、二〇〇〇年における二度目のミッションで、毛利は「ユニバソロジの世界観」と自らが呼ぶ概念をより深めようと考えた。

実際に一度目のミッションではスペースラブでの実験に追われ、ゆっくりと地球を眺める時間がほとんどなかった。対して約一〇日間の滞在となる二度目のミッションでは少しゆとりがあり（このときは地球の立体地図作製のための地表データの取得を行なった）、同じエンデバー号の窓から、前回の「感覚」の意味について考えながら地球を眺めることができたからだ。彼はそうして窓から地球を見つめながら、一個の生命体としての地球はヒトの有無にかかわらず存在し未来にも存在し続けること、〈そして現在は人間が全生命体の一部として機能している〉という認識を、〈実体感〉として持ったという。

毛利にとって地球から離れて宇宙に行くという行為は、普段はそこに自分が含まれているがゆえに認識できない「地球」という存在を、外の世界から客観的に確認する一つの機会だった。

だから、彼は〈ほんとうに実体として地球が存在するんだろうかというのを、頭で考えるよりも、感じられるかどうかということに集中してみた〉と語ってこう続けている。

〈集中するのに時間がかかりました。明るくなって、暗くなって、それから明るくなってきたときに、「ああ、確かにそうだ」と実感できた。真っ暗な宇宙空間の中に、そういう球体が存在することが実感できたんです。確かに青い球体が存在する、窓ガラスがあろうがなかろうが存在するということが、そのとき感じられたのです。そのときふっと思ったのは、こんなふうに雲とか水とか空気があるような球体が存在するということは、普遍的なことだということでした〉（『宇宙からの贈りもの』）

人間がそこにいてもいなくても、地球はそこにあるようにしてあるし、これまでも、そして、これからもある——こうした実感を土台に毛利が提唱した「ユニバソロジの世界観」とは、〈例えば人の生命と地球そのもの〉に連続性を見出すというものである。

後に彼は『宇宙から学ぶ』において、「宇宙」や「普遍」「森羅万象」という意味のある「ユニバース」をもとにしたこの造語を、帰還後にスピーチライターとともに考案したと回想している。

宇宙からの帰還後、そこから見た地球が〈あるようにある〉としか言えない存在であることを実感した。これが彼にとってどのような実感だったかというと——地上にいれば夜は夜であり、昼は昼である。そこでは様々な物事を白か黒かに分類することができる。だが、宇宙から見る地球はそうではない。そこには夜と昼とが同じ視界のなかで同時に存在して見える。地球にいるときには自明であった多くのものが、宇宙にいると全く自明のものではなくなってしまう、というものだった。

では、その感覚をどのように言葉で表現すればよいか。それを考えるなかで、毛利は「ユニバソロジ」という言葉にたどり着いたというのである。

また、「ユニバソロジ」の考え方にとって重要なキーワードの一つとして彼が繰り返し強調するのは、それが地上における人間中心の考え方から脱却し、「生命のつながり」を意識するための概念であるということだ。

例えば、毛利は同書のなかでこう書いている。

〈「すべてを含んで、あるがままにある」とは、言い換えれば、地球がひとつの大きな生命体としてあるということです。地球という惑星は、過去四〇億年にわたって、生命とつながりの中で成長してきた惑星だといえます。地球環境の変化は生命の変化に影響を与え、逆に、生命の進化は地球環境に影響を与えてきました。地球と生命はたがいに影響を与え合いながらそだってきたのです。

だとすると自分は、いわば、地球という大きな生命体を構成する「細胞」のひとつといえるのではないか。私はそんなことを考えました。そして思ったのは、その一個

の「細胞」である私の中には、地球と生命がともに歩んできた歴史が刻まれているのだ、ということです〉

だとすれば、四〇億年という時間を生命が脈々と生き抜いてこられたのは何故か。それは生命が無数の環境の変化に適応し、多様性を獲得してきたからだ、と彼は続ける。

生命とは〈挑戦→適応→多様化〉を繰り返すことで生き延び、らせんを描きながら広がってきた。人類が宇宙に行くこともまた、そうしたらせんの〈生命のつながり〉の先に起こっている出来事なのだ、と。

「ユニバソロジ」という概念は、そのようなものの見方、例えば〈私たち人類も、「生命のつながり」を担う地球生命のうちのひとつであること〉を意識するための提案である、と彼は解説する。

ちなみに彼がこうした思考を繰り広げる『宇宙からの贈りもの』と『宇宙から学ぶ』の二冊は日本人宇宙飛行士が書いた本のなかで、宇宙で当事者が抱いた抽象的な感覚を徹底して言葉にしようとした稀有な作品だ。この二つの作品を初めて読んだとき、私は自身の宇宙体験をそのように言葉にして、社会に広く投げかけようとする毛利の姿勢に敬意を抱いた。

だが、後者が出版された二〇一一年から八年が経ったいま、実際に毛利に会って話を聞くと、彼はこれらの本で提示した「ユニバソロジの世界観」をさらに広げ、次の段階へと進めていた。

人口一〇〇億人の未来

私が毛利にインタビューする機会を得たのは二〇一九年の八月のことだった。彼は二度目のミッションを終えた二〇〇〇年の一〇月から東京・台場にある日本科学未来館の館長（当時）を務めており、インタビューを行なったその応接室には、ガガーリンのサインの書かれたパネルが置かれていた。

これまで「ユニバソロジ」という彼の考えに著書で触れてきたからだろうか、この年で七一歳になる毛利と向かい合った私は、サイエンティストというよりはどこか思想家や哲学者と向かい合っているような気分になった。

インタビューでの彼は、「ユニバソロジの世界観」の重要性を説いた前述の二冊の著作について、まずは次のように話した。

「私が宇宙に行った当時とは、社会状況も世界情勢も大きく変わっています。そのなかで、私自身の人生や年齢、それまでの社会経験をもとに書いたものが当時の本であり、それを受け取る社会の側の感覚も以前とはもちろん変わっています。同じ歴史であっても、その歴史を解釈するレベルは、科学技術の発展や社会常識の変化によってどんどん変わっていくわけです。私にとって「ユニバソロジの世界観」も同じ。その時点で解釈したものがいまではさらに大きくなり、「あのとき気付いたことはこんなに小さなものだったのか」と振り返ると感じられるようなものなのです」

　では、こう語る毛利はそのように広がっていく自らの思想を、世のなかに対してどのように提示しようとしてきたのか。彼にとってその拠点となってきたのが、館長を務めるこの日本科学未来館だったという。

　館長に就任した約二〇年前、日本科学未来館の様々な展示や運営方針を決めるにあたって、毛利には明確な考えがあった。それは「人間社会を動かしているのは科学技術だけではない」というメッセージを、科学館での取り組みを通して伝えていこうというユニークなものだった。

「本来、世界中の科学館は科学技術を推進する立場です。ただ、科学技術が人類の将来にどのように貢献できるかはもちろん重要なテーマですが、一方で人間社会にとって科学とは世界の解釈のほんの一部に過ぎない。現実の社会とは文化や政治、芸術、宗教などの集合で成り立っているからです。

ところが、現在の社会は経済発展という視点に囚われるあまり、そのために科学技術をどう推進するかという話ばかりをしています。とりわけ宇宙開発などはそれを推進すること自体が目的になって、人類にとって本当に必要なものとは何かを考えるという視点が欠けているように私には見える。だからこそ科学技術だけではなく、人間の社会を動かしているもっと複雑で多様な要素を伝えることが、自分の責任だと考えてきたのです」

――その役割を果たしていこうとする上で、二度の宇宙体験はどのように影響しているのでしょうか。

「このままでは我々はダメになってしまうな、という危機感を私が感じたのは、宇宙から夜の地球を見たときでした。昼間の地球の表面には人の営みはほとんど見えませんが、一方で夜になると地表の様々な場所で眩(まばゆ)いほどのオレンジ色の光が輝いていました。とくに地球観測を中心に行なった二度目のフライトで、私は地球の様子を隈(くま)なく眺めることができた。すると都市や町だけにとどまらず、アフリカ大陸やシベリアにも想像した以上の人工の光が見えました。地球には森林がまだまだ多いけれど、そんな森のなかにもオレンジ色の光が見えるわけです。

その光景を見ながら、ひょっとするとあとは時間の問題なのではないか、と私は感じました。実際に科学的なデータを見ると、毎年四国くらいの面積の森林が世界中からなくなっている。それが宇宙から全体を見ると確かに実感として分かる。

私が最初に宇宙に行ったときの地球の人口は五五億人。二度目のときは六一億人になっていました。いま、それから二〇年が経って七七億人まで増えており、シミュレーションでは二〇五〇年以降に百億人になると言われています。しかし、宇宙から地球を見た私は、「本当にそうだろうか？」と思っています。科学技術中心、人間中心の考え方で本当に人類は百億人にまで増えることができるのか、そのように生き延びていけるのだろうか、と」

ヒトはどこからきて、どこへいくのか

また、そう語った上で毛利がもう一つ「大きなインパクトがあった」と語るのが生命科学の急速な進歩である。

「例えば私の帰還から三年後の二〇〇三年に、ヒトのＤＮＡの全塩基配列を解析する「ヒトゲノム計画」が完了しました。その後、人類の興味は人間の身体に向かい始め

たわけですが、そこで分かってきたのはヒトゲノムを解読しても、人間の全ては分からないという事実だったと言えます。地球のあのオレンジ色の光の背後には、人間の他にも様々な生物がいて、この人間一人のなかにも目に見えない微生物が大量に生きている。そして、その全ての生命の歴史がDNAでつながっているように、あらゆる生物が有機的につながることで人間という存在も生きているからです」

――そうした生命の「つながり」を意識することの重要性を、毛利さんは「ユニバソロジの世界観」を語るなかで繰り返し指摘してきました。

「私はそのことをやはり宇宙での体験によって、自分が実感として理解しているという思いがあるんです。人は地球の環境がないと生きられないので、宇宙では空気や水などを人工的に作り出し、最低限に環境をコントロールすることで地球の環境に似せているわけです。そういう場所から地球に帰って来ると、ハッチが開いた途端に多くのことに気づかされました。

湿った空気が入ってくる。すると、いろんな匂いがする。いろんな匂いがするということは、微生物がそこに含まれているということです。そのように人工では作れないものがうわっとハッチのなかに入ってきたとき、私はまるで自分が微生物に囲まれているような気持ちになりました。そして、「あ、これが地球なんだ」と思った。

地上で待機している宇宙飛行士が冷たい水をコップで出してくれるのですが、その水がすごく美味しく感じられるんです。スペースシャトルでは燃料電池から出てくる水を飲んでいましたから。つまり、地上でミネラルウォーターを飲んだときのその美味しさとは、生命そのものがもたらすものでした。生命というのはそれほどまでに複雑で、地球の環境をコントロールしているのは人間ではないのだと感じた瞬間でした。またその後、地球の極限環境といわれる南極大陸や海洋六五〇〇メートルの深海を実際に探査研究し、地球上は宇宙と全く異なり生命がどこにでも存在できる環境であることを実体験しました」

こうした実感を踏まえた上で、彼は現在の有人宇宙開発についても次のように話した。

「有人宇宙開発で月や火星に行くと言っても、人間だけでは行くことはできない。そのような我々という存在とは何であるか、という点を理解することなしに、宇宙開発を行なうことにどんな意味があるのでしょうか。

いまは宇宙がビジネスとして急速に様々な可能性を持ち始めたので、多くの人々が月や火星に夢を持たせられている状態です。まるで、そこが自分の住めるフロンティアであるかのように、わくわくさせられているのが現実でしょう。しかし、その「わくわく」する気持ちは、五〇年前にアームストロングが月に降り立ったときのものとは、全く別のものだと私は思います。当時の月面探査は国家としての軍事と国威発揚戦略でした。しかしNASAはそれを何十億年という生命のつながりの延長線上にある、生命としてのわくわく感に上手く変えることに成功しました。そのなかで生命を賭して月に立ち、ぎりぎりのところで振り返ってみたら、地球という惑星が小さく浮かんでいた。結局、人は宇宙船地球号でしか生きられないのだということを、彼らが教えてくれたわけです。それは大きな発見であり、人類にとっての大きな価値でした。

しかし、地球の存在がそのようなものであることを知っている我々がいま、なぜ月や火星に挑戦するのか、もっと社会のなかで根本的な議論が必要だと思います。実際に宇宙を経験した私からすれば、あの極限環境で一般の人たちが心地好く住めるはずはありません。そこにあるのは金儲けの論理ですが、これからは未来社会に役立つビジネスとしても成功させる必要があります。だからこそ、私たちは考えなければならない。宇宙飛行士を含む研究者や専門家は、誰も行ったことのない場所へ命を懸けて挑戦することに人生の価値を持つ人たちであり、人間の未来社会を先導するという意味で、その役割は重要です。一方、五〇年前と違ってインターネットやSNSで世界中の個人が簡単にコミュニケーションがとれる現在、大衆と専門家の価値観のギャップが見逃されがちです。宇宙に本当に命を懸ける宇宙飛行士とは違って、一般の人が最終的にあなたの幸せとは何かと聞かれたとき、月や火星の開拓に一生を費やすような人生が果たして幸せでしょうか。

人間の幸せや喜びとは、ジェネレーションを未来につなぐというところにある。そうした幸福というものの本質を誤解しながら進むと、宇宙開発は社会全体では非常にバランスを欠くものになると私は感じます。生命にとって大事なのは「生きている感覚」を持つことでしょう。専門家の知識を重視するあまり、人間の生きているという感覚を忘れてはならない。それなら宇宙に行くのはサイボーグやロボットでも構わない、という話になってしまうわけですから」

「未来」に対してそう懸念する背景に、生命の全体のつながりを意識せよという「ユニバソロジの世界観」があることは言うまでもないだろう。

絶対的経験としての宇宙

毛利の語る思想や概念はあまりに壮大なもので、私には自分がどこまで理解できているかは分からない。だが、山崎などは「毛利さんのユニバソロジの世界観は、地球が生命体だという私の感じ方と近いかもしれません」と言っていた。

「ぜんぶが一致しているかは分かりませんが、我々が地球の上で神経を張り巡らせていて、ネットワークになっているという世界観とも通じるところがあると思います。例えば、私は地球が一つの生き物だという感覚を持ったけれど、地球には手足も目も耳もありませんよね。その意味で私たちが宇宙から人工衛星で画像を撮ったり、いろんなセンサーで地球の温度や二酸化炭素を測ったりというのは、人間が地球の目や耳となっているのだとも言えるわけです」

そして、こうした山崎や毛利の言葉に接して私が同時に痛感したのは、実際に宇宙を体験した者でなければ、本当の意味で彼らの伝えようとしている感覚は分からないのかもしれない、という気持ちでもあった。

毛利は〈ユニバソロジ〉という自作の概念を用いて、頭ではなく実感として得た自身の体験を、どうにか言葉を重ねて紡ぎ出そうとしているかに見える。少なくとも宇宙飛行の経験が彼にとって、その前と後とでは人間や生命、地球に対する見方を一変させる内的なインパクトを生じさせるものだった、ということは確かに伝わってくる。

だが、宇宙体験の深い部分を語ろうとするとき、毛利は著書でもインタビューにおいても、繰り返し「実感」や「実体感」という表現を使っていた。山崎もそうであったように、やはりそこで語られている感情には、体験して初めて理解され得る何かが含まれている、ということなのだろう。そして、私が毛利の話に強く引きつけられたのも、「宇宙体験」というその実体験に、彼の言葉の数々が支えられているのだとはっきりと感じたからだった。

宇宙での体験を「言葉」で表現しようとする宇宙飛行士のインタビューは、だからこそ興味深い。彼らは一様に「宇宙から地球を見る」という同じ体験を語っているにもかかわらず、そこで語られる言葉や表現は実に様々だ。だからこそ、その表現方法や感覚の違いが、彼ら一人一人の個性となって表れてくる。

そこで次はその点を踏まえた上で、四半世紀前の毛利の体験から再び時間を現在まで進め、金井とともに「新世代」と呼ばれる二人の飛行士の宇宙体験をみていきたい。

第4章

地球上空400キロメートル

——大西卓哉と「90分・地球一周の旅」

フライアラウンド中のソユーズMS-02宇宙船（48S）
提供：JAXA/NASA

打ち上げ直前

二〇一六年七月七日の朝、大西卓哉はソユーズMS－01宇宙船の狭い座席に座りながら、水を打ったような静けさのなかでじっとしていた。気密されたカプセル内で宇宙服を着てヘルメットを閉めると、ほとんどの音が遮られ、ヘッドセット越しの無線通信の声以外は何も聞こえなくなった。

大西はこれから始まる初めての打ち上げに緊張こそしていたが、ソユーズの船内に二人の仲間と座っていると、自分が思ったよりも落ち着いていることに気付いた。

ソユーズの打ち上げと帰還時における大西の役割は、ロシア人の船長であるアナトーリ・イヴァニシンの「レフトシーター」として操縦を補佐することである。何らかのトラブル時には船長にかわって宇宙船を操作する「副操縦士」のようなものだ。

金井宣茂と油井亀美也とともにＪＡＸＡの宇宙飛行士に認定された彼は、これまで約七年間にわたって厳しい訓練を続けてきた。だから、これからのミッションについても、どんな事態に対しても自分の担うべき作業は頭に入っていた。訓練ではあらゆる事態を想定してきたため、もはや大概のことには驚かない。心の準備は完全に整っているという自負があった。

しかし、そんな彼にも「そのとき」が実際にやってくるまで、密かに抱き続けてきた一つの不安があった。それは打ち上げの瞬間になったとき、自分がどんな心境になるのかが想像できなかったことだ。

「打ち上げの時間がいよいよ近づいてきたとき、もし逃げ出したくなったらどうしよう」

「恐怖のあまりパニックになってしまい、「出してくれー」となったらどうすればいいんだろう……」

いまでこそ彼は笑い話の一つとしてそう語るものの、当時はふとそうした不安に駆られる瞬間が真面目な話としてあったのである。

だが、実際にソユーズの船内に上向きの姿勢で座っていると、打ち上げの時間が近づくにつれて気持ちは落ち着き、ついにはヘッドセット内の静寂のなかで心は凪のように静かになった。

それは彼にとって自分でも意外なほどの落ち着き具合で、自らの全く静まってしまった内面を見つめながら、彼は七年間という歳月の訓練にどれほど心身が鍛えられていたかをあらためて実感したのだった。

ソユーズがもたらす安心感

彼は当時の心境を振り返る際、ソユーズ宇宙船ならではの「安心感」もそこにはあったのではないかと語る。

ソユーズは一九五七年のスプートニク1号の打ち上げに使われたR－7Aを改良したもので、宇宙開発における長い歴史を背負ったロケットだ。中心のロケットの周囲に四本の補助ブースターがあり、それらを三度に分けて切り離しながら宇宙に向かう構造となっている。

これまでに人の乗る宇宙船や補給船、人工衛星などソユーズは二千回近くの打ち上げに使用されており、その成功率は九七パーセントを超える。現在も年間一〇機以上が打ち上げられる信頼性の高さには定評がある機体なのである（ただ、二〇一八年一〇月には打ち上げに失敗し、発射直後に二人の宇宙飛行士を乗せて緊急着陸する事故も起こっている）。

このソユーズに大西が「安心感」を抱いたのは、「枯れた技術ゆえのシンプルさ」に対する信頼があったからだ。

米ソの宇宙開発競争で、アメリカに月面への有人飛行を許したソ連は一九七〇年代以降、「サリュート」や「ミール」といった宇宙ステーションに開発資源を投入していった。

そのなかで、人を宇宙へ送り込むことに特化したソユーズは、六〇年代の基幹技術を現在に至るまで使い続けているロケットだ。大西に言わせれば、「いろんな失敗や経験を蓄積してきて、一つひとつ課題をつぶしてきたロケットであると思えばこそ、乗っている方としてはものすごい安心感でした」というわけだ。

余談だが、ソユーズでバイコヌール宇宙基地から打ち上げられる飛行士たちは、ちょっとしたゲン担ぎのような行為をする。ホテルからバスで発車台まで向かう途中で立小便をするのである。そこはガガーリンが人類初の宇宙飛行前に用を足した場所で、大西もその「儀式」を行なってからソユーズに搭乗した。

「祈り」の八分半

……さて、彼らが膝を抱えるようにして窮屈な船内に座ったのは、打ち上げの二時間半ほど前のことだった。

ヘルメットをかぶった後は訓練通りに準備を進め、四〇分前には全てを完了して待機状態になった。

ヘッドセットからは前もってリクエストしておいた音楽が流れている。大西が頼んだのは「スター・ウォーズ」のテーマやミュージカルの「Defying Gravity」、日本のミュージシャン・いきものがかりの曲だった。

打ち上げの五分前に音が止まると、ヘルメットのなかは再び水を打ったような静けさに包まれた。そして、その静けさは予定された時間通りにエンジンが噴射された瞬間、座席の遥か下の方に感じられる細かな振動によって破られたのだった。

打ち上げ後、ロケットが地球の周回軌道に入るまでにかかる時間は八分半。それまで、船内の宇宙飛行士たちにできることはない。

「ロケットがきちんと働いてくれるのを祈るしかありません。僕らの仕事は軌道に投入されてロケットから切り離されたところから始まるので、宇宙飛行士はとにかく座っているしかないんです。なので、打ち上げというのは遠い世界で何かが起こっているという感覚でした」と、大西は言う。

だが、ソユーズに身を任せているしかない「遠い世界の出来事」のようなその感覚は、しばらくすると一気に目の前の現実へと引き戻された。空になったロケットの一段目が切り離され、「ガチャンというものすごい音と衝撃」が起こったからだ。
これまで体をシートに押さえつけていた加速度がふっと消えた。何か大きなものがロケットから外れたという確かな感覚とともに、機体が今度は墜ちていくように思える一瞬があった。

「それまではお釈迦様の手の上に乗せられて持ち上げられているような気分だっただけに、ヒヤッと身構えました」

そのような切り離しを三度行なうと、ハッチにぶら下げていたリラックマのマスコット人形がふわりと浮かびあがった（人形は出発前に娘から貰ったものだ）。ソユーズが大気圏の外に出て、船内が無重力状態となったのである——。

宇宙ステーションとの邂逅

そんな出発から帰還までの約四か月間の宇宙体験を振り返るとき、大西がいまも真っ先に語るのは、宇宙空間を二日間にわたって巡行したソユーズが、ようやく国際宇宙ステーション（ＩＳＳ）に近づいたときの光景だ。

「ＩＳＳに向かう途中、ソユーズは回転しているので、宇宙船の座席の小さな窓かららいに。

は地球や漆黒の宇宙が見えていました。ただ、地球といっても限られた窓の範囲からは、海の真っ青な色しか見えないんです。宇宙でも空は青いんじゃないか、と思うくらいに。

僕が最初に強い感動を覚えたのは、宇宙ステーションにドッキングする最後の一瞬でした。宇宙船が二〇～三〇メートルまで近づくと、宇宙ステーションの端っこの方の太陽電池パネルが見えてくる。そのパネルがオレンジ色というか、まさしく金色に輝いているんです。窓の外にそれが見えたときは、言葉通りに心が震えました」

このときの様子を彼はブログでも次のように書いている。

〈私の座るレフトシートのすぐそばには小さな窓がついていて、その窓から初めてこの目でＩＳＳを見たのは、ドッキングまであと数十ｍというところでした。

日没前の太陽に照らされた金色の太陽電池パネルと、それを支えるトラスと呼ばれる桁が見えました。

その、あまりの大きさに驚きました。

この地上から４００㎞という軌道上に、これだけの建造物を作り上げた人類の科学力というものに畏敬の念を抱くとともに、強く心を揺さぶられた自分がいました。それは、宇宙から初めて地球を見たときの感動をしのぐものでした〉（『秒速8キロメー

トルの宇宙から　宇宙編』）

前述のようにアメリカ、ロシア、日本、カナダ、欧州宇宙機関が協力して建設されたＩＳＳは、地上約四〇〇キロメートルを秒速約七・七キロメートル、地球を九〇分で一周する速さで飛行している。約一〇八・四メートル×七四メートルという大きさのＩＳＳの一部が窓から見えたとき、大西は「なんて非現実的な光景なんだろう」と思った。

「サーっと見える範囲が段々と増えてくる様子が、現実のものとは思えませんでした。写真や映像で見てきたものとも全く違う。おそらく空気がないので、遠くにあってもすぐそこにあるような質感で見えるんですね。当然、その場所を目指してずっと宇宙飛行士としての訓練を続けてきたわけですが、それが現実にそこにある、という言葉にならない強烈な感覚は忘れられないものでした」

『アポロ13』の衝撃

大西が宇宙空間に浮かぶＩＳＳの偉容に〈初めて地球を見たときの感動をしのぐ〉ほどの感動を抱き、心を揺さぶられたと語るのには、宇宙飛行士になるまでの彼の経歴も深く関係しているようだ。

一九七五年生まれの大西は、四一歳で初めての宇宙飛行を経験した。

二〇〇八年の宇宙飛行士選抜試験に応募するまでの職業はパイロットで、全日本空輸でボーイング767の副操縦士をしていた。この年の試験の模様にNHKが密着した『ドキュメント　宇宙飛行士選抜試験』によれば、国際線の運航では「冷静すぎて怖い」と評されるほどの仕事ぶりだったという。

東京生まれの大西は、進学校として知られる横浜の聖光学院高校を卒業後、東京大学工学部に進学している。

その後、彼は工学部でも強い人気を誇る宇宙工学科を選ぶのだが、そのきっかけとなったのが二年生の際に見た映画『アポロ13』である。

アポロ13号は一九七〇年四月、アメリカのアポロ計画における三度目の月面着陸を目指した飛行で、度重なるトラブルに見舞われながら三人の宇宙飛行士が奇跡的な帰還を果たしたミッションだ。

このミッションでは地球から三三万キロ離れた地点でサターンV型ロケットの酸素タンクが爆発。機体の外壁が吹き飛ばされ、様々な機器が深刻な損傷を負った。そんななか、飛行士たちは管制官の指示に従いながら、船内の残された酸素や水、電力を節約し、月の裏側を周回して地球へ生還する。

映画『アポロ13』はアポロ計画をめぐる宇宙飛行士たちのドラマを描きつつ、その実際の事故の経過を手に汗握る描写で再現していた。

宇宙飛行士たちの冷静沈着な仕事ぶりと勇敢さに、NASAのエンジニアたちのスピード感あふれる創意工夫と分析が加わり、いくつもの困難な課題が克服されていく――。アポロ13号の帰還という「奇跡」がそのように実現されていく作品に、二〇歳になったばかりの彼は思わず身を乗り出すような感動を覚えた。

それから大西に強い印象を残したのは、打ち上げ時に宇宙飛行士の家族が涙を流して彼らを見送るシーンがあったことだ。

人類全体の目標とも言える月へ向かう、アポロの果敢な宇宙飛行士たち。国家を背負って大きな目標に立ち向かっていく姿に心打たれ、彼は憧れのような気持ちを抱いた。以後、「宇宙」に携わる仕事に就くことを考えるようになったのが、宇宙工学科を選んだ理由であった。

本当は飛びたかった「鳥人間コンテスト」

ただ、この時点では「宇宙」といってもまだぼんやりと夢見る程度で、明確な目標として宇宙開発に携わりたいと思っていたわけではなかった、と大西は振り返る。そんな彼が一人の若者として大学時代にもう一つ打ち込んだのが、日本テレビ系で放送される「鳥人間コンテスト」だ。

「サンケイスポーツ」の「二〇歳の頃」という連載インタビューで、大西は〈大学3年のときには勉強そっちのけで打ち込んだものです〉と振り返っている。

彼の所属したサークルは「飛行理論実践委員会」、通称F－TECという名前だった。

このサークルでは、三〇人以上のメンバーで一機の人力飛行機を作り上げる。そのためにアルバイトで稼いだ資金をつぎ込み、土日返上でサークル活動にのめり込んだ日々――それを彼は〈物づくりとか、ものを飛ばす楽しみを学んだ気がします。宇宙飛行士への素地といってもいいかもしれない〉と語っている。

サークルで大西が担当したのはコックピットの設計・製作だったが、複雑なのは大勢のメンバーから最後にバトンを渡されるパイロットに憧れる気持ちが、彼の胸裡にあったことだ。

しかし、大西は身長が一八〇センチ近くあり、一にも二にも軽さが要求される人力飛行機には体格が向かなかった。実際のコンテストでは涙を流すほどの熱意を傾けたが、そのことに少し物足りなさを抱いたのも確かで、〈やっぱり自分が空を飛んで、空から地上の眺めを楽しみたかった〉（『ドキュメント　宇宙飛行士選抜試験』）と後に述べている。

そんななか、大西は就職活動時にパイロットを志望し、結果的に全日空へ採用されて自社養成パイロット制度のもとで資格を取得する。後に宇宙飛行士選抜試験に応募した際は、大学時代の仲間と会場で再会したという。

前述の「二〇歳の頃」のインタビューで、彼は〈正直にいえば、大きなビジョンは持っていなかったなあ〉と言う。

〈自分にはステップを経てこういう仕事をやって、その先に宇宙飛行士を目指す、というようなロードマップはあまりなくて、そのときどき、その場その場の興味、周りの環境で変化しながらやってきました〉

これは彼と同世代で同期の金井宣茂が、「私は宇宙ありきで自分のキャリアを作ったわけではなく、その時その時に自分の興味のある世界に飛び込んでいっただけなんです」と語っていたのと、ほぼ同様のキャリアに対する認識である。

いずれにせよ大西は、学生時代に人力飛行機という「ものづくり」の世界に熱中し、宇宙工学を学びながらパイロットを目指した。自分たちの作った機体が実際に空を飛んだ瞬間の喜びは彼のキャリアの原点であり、それは後に宇宙空間に浮かぶＩＳＳの姿に対して、「こんなものを人は作れるのか」という震えるほどの感動を覚えた大きな理由となったのである。

大西卓哉、宇宙へ

二〇〇九年二月に宇宙飛行士の候補者に選ばれたときは、電話を受けながら「本当に自分でいいのか」と思ったと彼は言う。嬉しさとプレッシャーがない交ぜとなった気持ちは「独特のもの」だった。

「それまでは自分の子供じみた思いで、「宇宙に行くぜ」と言っていたのが、それが現実の可能性として、それこそ国を背負って、いろんな人の思いを背負っていく立場になったときの、夢が責任に変わった瞬間というのは後にも先にもあのときだけでした。すごく特殊な心境でした。ただ、選ばれたときは自分に宇宙に行ける能力があるかが分からなかったのですが、それから七年間の厳しい訓練を通して自信がついていきました。

訓練というのも自分にどんどん負荷をかければかけるほど、成長曲線が大きくなるんです。だから、目標というのはどんどん遠くに置くことで、人は成長し続けていけるものなんだな、って。その訓練を続けていく上で僕がすごくラッキーだったのは、パイロットの世界と宇宙飛行士の世界が酷似していたことです。宇宙飛行士になるためにパイロットになったわけではないけれど、その経験が自分の無邪気な夢を実現する上でいちばんの助けになったと思っています」

では、一方で宇宙から見る「地球」について、彼はどのような感想を抱いたのだろうか。

大西はこの点でも金井と似ていて、そこまでの深い感動は抱かなかったと話す。ISSに滞在している際、大西が常に心に留めていたのは、「これは仕事であって、自分の興味を満たすために宇宙に来たわけではない」という気持ちだった。よって、大西はISSではプロフェッショナルであることを意識し、ともに滞在する二人の宇宙飛行士ともそのように仕事をこなそうとしてきた。

「俺たちは孤独じゃない」

その彼が「宇宙の同じ場所にいても、その感じ方は千差万別なんだな」と感じたのは、二〇一六年一〇月一七日に中国の「神舟11号」の打ち上げが成功したときのことだ。

同国の宇宙ステーションである天宮2号とのドッキングの一報を聞いて、船長のアナトーリがこう言ったのである。

「俺たちは孤独じゃない」

大西は彼からその言葉を聞いたとき、「そういう見方もあるのか」と妙な感動を覚えたと話す。

神舟のニュースは当然ながら知っていたが、彼にとっては「中国もすごいな」と思った程度で、それ以上の感想は何も抱かなかった。

だが、アナトーリは自分とは発想が異なり、「いま自分たち三人以外に、この宇宙空間をぐるぐると回っている「人間」がいる」という視点で、同じニュースを捉えているのだった。

「だから、彼がやってきて「いまニュースを見たか。俺たちはもう孤独じゃない」とぽつっと言ったときは、何だか頭を殴られたような衝撃がありました。いまこの瞬間、このだだっ広い宇宙のなかで、地球の圏外にいるのは彼らとここにいる三人だけなんだ。あらためてそう思ってみると、確かにすごく会ってみたいなと思った。

このことがあってから、宇宙空間にいても感じ方は本当にいろいろだと知りました。実は僕らはそういうテーマについて宇宙飛行士の仲間と話すことはないですし、地球に戻って来てからもそのような機会はめったにありません。宇宙には仕事で行っているわけですし、そこで生活をしていると宇宙という環境自体が日常になるので、かえってそういう話をするのが照れくさくなるから。でも、「俺たちは孤独じゃない」というあの一言は、自分の置かれている状況を思わず客観的に振り返るきっかけになりましたね」

地球は大きい

大西は宇宙体験によって物事の見方や人生観が取り立てて変化したとは感じていないが、「それは仕事をしているという責任感が、宇宙での人生観を変えさせなかったからかもしれない」と自己分析する。だから、アナトーリがぽつりと言った言葉について、毛利のように深く思索をめぐらすことは残念ながらなかった。

彼自身、そのような思索をするための言葉が、自分のなかにはなかったと語っている。

「その意味では芸術家の方々を宇宙に送ってみたいですよね。プロのカメラマンが行ったら何を感じるのか。それこそ村上春樹さんが宇宙に行ったら、何を思うのでしょう。その最初の一文に興味があります。

正直に言って、現状の宇宙はお医者さん、パイロットと技術屋ばかりの世界ですから、もちろん振れ幅はありますが、理系的な思考をする人が多いのは間違いない。何か特別な感情を感じても、正直に言って僕にはそれを表現するためのスキルがないんです。そこがもどかしいところで、だからこそ、表現を専門にしている人に宇宙へ行ってもらいたいという気持ちがあります」

だが、一方で四か月間の宇宙体験において、大西は一つだけ、そこに行くまでは想像していなかった次のような感覚も抱いた。それは「人は自分より大きな安心できるものとつながっていないと不安になる存在だ」という実感で、インタビューでも彼はそれをかなり言葉を尽くして説明しようとした。

「例えば、宇宙から地球を見た宇宙飛行士は、争いごとの無益さを感じたり、地球が人類のためのただ一つの星であることを知ったと言ったりします」

と、彼は言う。

「でも、僕はちょっと違うんですね。そうした感覚というのは、いまの時代には地上にいても多くの人が感じているものなのではないか、と思うからです。地球が自分たちにとっていかに大切な惑星であるかという実感は、宇宙に行かなくても持てる感覚だと僕は思っていたし、宇宙に実際に行ってからもその考えに変わりはありませんでした。一方で感じたのが、地球の大きさだったんです」

大西はソユーズでの二日間の航海で、空と勘違いするような地球の海の青さを窓の外に見続けた。それからISSに入って、キューポラなどから地球の姿を再び仰ぎ見て感じたのは、

「地球は大きいな」

という思いだったと言う。

大西はそれまでISSからの風景を想像するとき、自分が地球をか弱く小さな存在だと感じるような気がしていた。

だが、かつて映画で見たアポロ13号とは異なり、ISSが周回しているのは地球のわずか四〇〇キロメートル上空の低軌道である。東京と大阪の間くらいの距離に過ぎず、そこから見える地球の範囲は約二〇〇〇キロメートル。それは文字通り「視界いっぱいに地球が広がっている」という光景だった。

地球上空四〇〇キロメートル

大西はその九〇分のなかで、アフリカの上空にいるときが最も好きだった。

アフリカ大陸は彼にとって荒寥（こうりょう）とした砂漠が広がっているイメージだったが、宇宙から見ると一口に砂漠と言っても様々な色合いがあり、実にカラフルな表情を見せてくれることを知った。真っ赤な砂漠の見え方が風向き一つで変化し、緑に覆われた土地や真っ青な湖や都市などが現れては次の風景に移り変わっていく。これほど多くの表情を見せる大陸は他になかった。

そして、大西にとりわけ地球の大きさを感じさせたのは、地表の七割に及ぶ海の存在感だった。次々に移り変わる風景の合間には広大な海が必ず現れ、その様子を眺めていると「海の上ばかりを飛んでいるんだな」と思ったくらいだった。

秒速八キロメートルで巡行するＩＳＳは、地球を約九〇分で一周する。この時間を「わずか九〇分」と表現する宇宙飛行士もいるが、大西は次々と移り変わる風景に目を奪われながら、「そんなに速い速度で飛んでいるのに、一周するのに九〇分もかかるんだな」と感じたという。

——その地球の〝大きさ〟が安心感につながっていた？

「僕がそのとき常に胸に抱いていたのは、「そこに地球がある」という圧倒的な感覚だったのだと思います。その感覚が、自分でも意外なくらいの大きな安心感につながっていたんです。だから、「怖くなかったですか」とよく聞かれるのですが、宇宙ステーションに着いてからは、恐怖心というものは全くありませんでした。手の届きそうなすぐそこに地球があって、何かあればソユーズに乗って帰ることができる。eメールはしょっちゅう届きますし、電話で家族と連絡も取れる。

家族とは二週間に一度はテレビ電話で話せました。当時、我が家は六歳と二歳くらいで手のかかる時期だったので、子育てを手伝えないことに申し訳なさを感じたり……。そういう話を考える余裕もあったんです。宇宙に行ったときの大きな気付きは、すぐにでも帰れるというそんな安心感が、自分の心の奥底にしっかりとあったことですね。その感覚がずっと心の拠り所だったことは否定できません」

その意味では周りの人たちの方が心配だったのでしょうね、と彼は続ける。

「打ち上げのときの娘の様子を後から人づてに聞くと、子供ながらに不安だったんだな、とか、六歳とはいえつらい思いをさせたんだな、という気持ちを抱きました。家族のサポートは同じ宇宙飛行士が行なうのですが、油井さんが傍に付いていてくれたんです。「ロケットが壊れたらどうなるの」と聞かれて、彼は「壊れても予備のものがあるんだよ」と一つひとつ不安を打ち消していってくれたそうです。それでも夜になると泣き出した時期があったと聞いて、可哀想なことをしたと思いました。こっちは本当に自分勝手で、「いよいよだな」という思いばかりでしたから。油井さんも僕の家族のサポートをして、初めて「地上にいる人の心境が分かりました」と仰っていました。宇宙にいる僕からは日本列島が見えるけれど、地上にいる向こうは僕らがいまどこにいるかも分からないわけですから」

――そのなかで、故郷である日本はどのように見えていたのでしょうか。

「付け加えれば、一方で感じたのが日本という国の小ささでした。地球は大きいという話をしましたが、それに対して自分の国がこんなに小さいのか、と。宇宙から見ると、アメリカや中国は大きくて、一度には国土の全部が視界に入らないんです。一方で日本は上空を通過するのは数分間、一度のパスで端から端まで見えてしまう。そのときに自分の国の小ささを感じたし、資源の乏しさが一目瞭然でした。「ああ、この国は資源がないぞ」って。そんな国がどうやって世界で先進国の地位を築けたかを考えたとき、それって科学技術なんだろうな、と強く思いました。

だから、僕は科学技術だけは他の国に決して後れをとってはならないし、それがこの国の将来にとっての絶対条件だと思っています。それは宇宙に行く前は思っていなかったことです。僕は宇宙に行くことで、かえって日本という国の課題や輪郭をはっきりと意識したような気持ちがしました」

地球が見えなくなるという孤独

興味深いのは、地球を「心の拠り所」と感じたと話す大西が、その感覚が想像以上の強さで胸を支配していたがゆえに、心に生じた葛藤があったと続けたことだった。例えば、すでに書いたように、『宇宙からの帰還』に登場する飛行士は、地球の軌道を離れて月へと向かうなかで、徐々に遠ざかっていく地球の姿を印象的に語っている。大西は以前に読んだ同書の記述を踏まえながら、次のような気持ちを抱いたという。

「僕らが日頃から語っている人類の遠い目標に、火星に行くというものがあります。僕もことあるごとにそれを実現可能な夢として話してきましたが、実際に宇宙に行って抱いたのは、僕らのテクノロジーではまだまだキツい、という思いでした。そう思った背景には地球の存在への圧倒的な安心感があって、そこから遠ざかっていくことへの恐ろしさが湧いてきた気がしたんです。

だから、一般の宇宙旅行についても、それこそ弾道飛行で何分間か軌道に滞在して帰ってくるのはお勧めしますが、例えば一日中、地球をぐるっと回って帰って来るとか、何日か滞在するのはあまりお勧めできないかなと思っています。たぶん気持ちが悪くて終わってしまうと思うので。ワンタッチで無重力がどんな感じかを味わって帰ってくるくらいが、たぶんまずはちょうどいいんじゃないかと思いますね」

――では、例えば月や火星に向かうために地球から離れるとしたら、大西さんはどんな感情を持つと思いますか？

「アポロ時代よりももっと遠く、地球が他の星と同じような点になってしまう光景を想像してみてほしいんです。地球が〝マーブル〟ですらない遠く、夜空の星と見分けがつかないような点でしかなくなっていく。そのとき、僕が宇宙でずっと感じていた安心感は消えてしまうでしょう。

自分が生まれ育った、人類の全てのただ一個の故郷である星。そこから遠く離れた人間は、親から切り離された子供みたいなものです。手の届きそうなところにあったその星が、「帰れる場所」ではなくなったそのとき、人間の精神が受ける影響は計り知れないものがある、と僕は宇宙で思いました。もちろん実際に自分がどう感じるか、その孤独感に耐えられるかどうかは、とても興味深いことではありますけどね」

こう率直に語る大西にとって宇宙での体験とは、様々なタイミングで自分の取り巻く環境が「切り離されていく」というものだった。

地球に戻る際、彼らの乗るソユーズはＩＳＳから切り離される。巨大で質量の大きな宇宙ステーションにいるときとは異なり、小さな宇宙船では慣性の変化を強く体感するため、切り離しの瞬間には「ふわっ」と宇宙空間に漂う感覚があった。

ソユーズは三つの区画に分かれており、ＩＳＳと結合する軌道モジュール、通信機器やエンジンなどを搭載する機器／推進モジュールの二区画が、大気圏への突入の直前に切り離される。飛行士の乗る帰還モジュールだけになったとき、彼は何とも言えない心細さを覚えた。

「自分の周りにあったものがなくなり、どんどん小さくなって、最後はカプセルだけになる。そうなると何があっても大気圏に突入する以外には選択肢はなくなり、あとは墜ちていくだけになるわけです。ＩＳＳ滞在時には地球があり、帰還時にはＩＳＳがあり、大気圏突入時には二つのモジュールがあった。そこで自分が学んだのは、人は常に自分の置かれたレベルで、自分よりも大きな何かとつながっていないと不安になる存在なのだ、ということであったと言えるかもしれません」

第5章 「国民国家」から「惑星地球」へ

——油井亀美也が考える「人類が宇宙へ行く意味」

ISSから撮影されたロンドン、パリ上空
提供：JAXA/NASA

最初の「新世代飛行士」

さて、「新世代」と呼ばれる三人の宇宙飛行士のなかで、最初に宇宙へ旅立ったのが油井亀美也である。航空自衛隊のパイロットだった彼の打ち上げ時の年齢は四五歳。自らを「中年の星」と呼び、二〇一五年七月二三日から約五か月間にわたる国際宇宙ステーション（ＩＳＳ）でのミッションを行なった。

これまで金井、大西と「新世代」と呼ばれる宇宙飛行士に話を聞いてきたが、油井にはその二人とは根本的に異なる点がある。それは彼が自らの宇宙体験によって、明確に「自分の考え方が変わった」と語る一人であることだ。

宇宙から帰還してすでに三年が経っていたインタビュー時、油井は「宇宙から戻ると体は驚くほど早く地球に適応するのですが、残念ながら頭のなかも同じように地球の環境に慣れていってしまうんです。宇宙での感覚はあっという間になくなっていってしまうものなんですね」と話した。だから、宇宙で見た光景や体験した様々な出来事が、ときどき現実ではなかったのではないか、という気持ちにさえなるという。

「そもそも私にとって宇宙に行った際に抱いたのが、同じく現実とは思えないような、夢を見ているみたいな感覚でした。SFの映画で見てきたような世界が、現実のものとしてある。こんな場所に宇宙ステーションという大きな施設を作り、人が恒常的に住んでいること自体に現実味がなかったし、私自身がそこに住んでいるのも信じられなかった。

そして窓の外を見れば地球があり、夜になれば星々が見える。宇宙から見る星は全く瞬かないので、その星々はどれもが手を伸ばせば届くんじゃないか、というくらいにはっきりと見えるんです。私は星座が好きなのですが、地上では瞬かない惑星を除いて星座を探すので、宇宙に行くとすぐには見つけられない。あれ、この星、なんだっけな、となる」

生死のはざまに美しくたたずむ大気層

油井にとってISSから見た地球や星々は、地球にいたときの想像をはるかに超える美しさであった。ISSの内部の「キューポラ」にはロボットアームの操作盤があるが、その窓はアームの操縦や宇宙機の接近・分離を目視するためだけではなく、地球や天体の観測にも使用される。

そこから地球や宇宙空間を眺めていると、

「この薄い窓を隔てた外側は、全くの死の世界なんだよな……」

と、彼は思った。

地球の背後に広がる宇宙の闇はあまりに深く感じられ、そして、その死の世界に言葉にならないほど美しい地球が浮かんでいる。

油井にとりわけそんな感情を呼び起こしたのは、地球を取り巻く大気の薄さだった。

地表を覆う大気層は、地上十数キロまでの対流圏、約一〇～五〇キロメートルの成層圏、高さ八〇キロメートルまでの中間圏、その上にさらに熱圏と幾層にもなっており、ＩＳＳが飛行する地上四〇〇キロメートルはこの熱圏に当たる（国際的な定義として「宇宙」とは高度一〇〇キロメートル以上を指す）。

宇宙飛行士が大気をぼんやりとした青い層として見るのは、大気中に分散する分子のなかで波長の短い青色が見えるからである。油井が「なんて薄いんだろう」と感じたのも、そんな地表の縁の部分の薄っすらとした層があまりにか弱いものに見えたからだ。

「周囲は真っ暗な死の世界であるのに、地球は生物で満ち溢れている。それなのに、その生と死の世界を分ける大気の層はあまりに薄く、簡単に壊れてしまいそうに感じる。あの美しさがよりその実感を高めるんです」

宇宙からみた地球環境

油井は地上にいるとき、「空気も水もたくさんあるから、少しくらい汚してもたいしたことはない」と考えるタイプだったという。

しかし、宇宙から地球を見ると、「私たちの命を支える空気や水はこれだけしかないんだ」と全く反対の感想を抱いた。例えばチベットの氷河を写真に撮ろうとしたとき、あまりにも少ししか残っていないことが宇宙から見るとありありと分かった。地球の環境の壊れやすさを感じ、それを痛ましいと感じた。

「そう思ったからこそ、地球が想像していたのとは異なる美しさを放っているように、私には見えたのかもしれません。もちろんこれまで長い訓練を続けてきて、ついにたどり着いた場所であるという気持ちも関係していると思います。いずれにせよ、とにかくあれは見たことのある人にしか分からないものなのではないだろうか、という気がします」

現在の宇宙飛行士はＩＳＳでの滞在中、頻繁にツイッターで近況を報告していく。

自分の感じている地球の美しさをどうにか伝えられないかと思い、油井も様々な写真を撮ってアップロードした。撮影の際には地球の青さがより鮮やかに見える構図を考えたり、反対に背景の闇の黒さが際立つようにしたりと工夫したが、結局それらは「自分の見ていた光景とは違う何か」でしかなかった。

「写真をたくさん撮って送ろうと思ったのは、言葉ではなんて言ったらいいかが分からなかったからでした。映画の大きなスクリーンで見るのとも違う。あの壊れやすさを感じさせるがゆえの美しさというものは、やはり言葉にはできないものであり続けていますね」

コーヒーを飲んでいる間に大西洋を渡ってしまう

こうした油井の言葉を聞いていると、私は大西や金井との違いについても彼に意見を聞いてみたくなった。

――大西飛行士はISSを見た衝撃の方が強かったと言っていました。また、大西さん、金井さんともに、宇宙に行った経験は必ずしも自らの内的な変化にはつながらなかったと語っています。

「大西さんがＩＳＳの方に強く感動したと言うのは、宇宙工学を学んできた彼の背景が影響している気がします」

――油井さんの場合はそうではなかった。

「例えば、秒速八キロで飛行するＩＳＳからの眺めには、南米辺りの上空にいるとき、イギリス辺りの写真を撮りたいと思いながらコーヒーを飲んでいると、いつの間にか通り過ぎているという速度感がありました。

私は飛行機にずっと乗って旅をしてきたし、宇宙飛行士になる前は航空自衛隊で戦闘機にも乗っていた。その当時は音速を超えたら速いと思っていたけれど、宇宙から帰ってきた以降は、それが実はぜんぜん速くなかったのだと思っています。地球に戻ってから最初にヒューストンへ戻るとき、カザフスタンからヒューストンまでの一日が「本当に遅いな」と感じた。その一点についてだけでも、自分の世界を捉える感覚が宇宙に行って変わったということです」

――地球の大きさについてはどうでしょうか。大西さんは「大きいと感じた」と。

「私は逆に地球は本当に小さいと感じましたね。宇宙に行っていちばん大きく自分のなかで変わったのは、地球というのは本当に私たち人類を守ってくれる母なる大地なんだ、という思いが実感として胸に生じたことでした。宇宙から地球を見ていると、

ＩＳＳはわずか九〇分で一周してしまいますから。それはいままでと見方が変わる体験でした。コーヒーを飲んでいる間に大西洋を渡ってしまうという感覚は、経験しないと分からないものだと思います」

――油井さんのお話を聞いていると、やはり宇宙体験に対する大西さんや金井さんの感じ方との違いの大きさに興味を引かれます。例えば金井さんは宇宙に行くことは「出張」、あくまでも仕事に過ぎないと繰り返し強調していましたが、油井さんにとってはどうなのでしょうか。

「そういう気持ちで宇宙に行けば、そうなるのかもしれません。もちろん、私自身も長い訓練をしてきましたし、仕事に対する自信は持っていました。でも、それでも地球を見たときはすごいなと思ったんです」

宇宙は「教会」に似ている

油井は宇宙での体験について語るとき、「それを言葉で表現するのは難しい」と何度も言った。工夫を凝らして撮影した写真でも伝わらないと覚った彼が比喩としてよく話すのは、ＩＳＳから地球を眺めているときの感覚が、「ロシア正教の教会に入ったときの感覚」と似ていたというものだ。

約四年間にわたった宇宙飛行士としての訓練中、彼はモスクワの街中の教会を案内されて何度か見学する機会を得た。教会のなかに足を踏み入れたとき、彼は壁一枚隔てただけの空間に、街の喧騒とは異なる静寂な世界があることに胸をうたれた。イコンや讃美歌の調べ、礼儀作法に従って静かに祈りを捧げる人たち……。その雰囲気に何か侵し難いものを感じ、ふと「神様というのは本当にいるのかもしれないな」と思ったという。

「宇宙ステーションから地球を見たときも、自分でも意外だったのですが、同じような感覚を覚えたんです。これほどすごいものを作るには、奇跡があるに違いない。心地いいし、自分の心が綺麗になっていくような気持ちがして、ずっとここにいたいと理屈抜きに思ってしまうのも同じでした」

——それは神の存在を感じたということですか?

「そう言ってしまってもよかったのかもしれませんが、私は特定の宗教を信じているわけではないですし、やはりその感覚を言葉で伝えるのは難しいですね。ただ、ロシア正教の教会に行ったときの経験がなければ、神様がいるかもしれないな、と言ってもいいようなその感覚は持たなかったかもしれません」

このように、同じISSでの長期滞在にもかかわらず、油井の語る宇宙体験は大西や金井とはかなり異なるものだ。では、彼と二人の宇宙体験に対する受け止め方の違いはどこからくるものなのだろうか。

その背景を考えるときにまず言えそうなのは、油井が子供の頃から夜空を眺め、その星の瞬く光景にロマンを感じるような少年時代を送っていることだ。

空を見上げた少年

油井は一九七〇年に長野県の川上村に生まれた。

実家はもともと林業を営んでいたが、父親の代からレタスや白菜などの高原野菜を栽培する農家になった。二・七ヘクタールほどの林を自ら開墾して農地を作った両親は、農業に対する思い入れをひときわ強く持っていたという。

油井には二人の姉がおり、三人きょうだいの末っ子として育った。子供の頃から農作業の手伝いは日課で、例えばレタスの収穫の季節になると、家族総出で深夜零時頃に起きて畑に行き、早朝に農協への出荷の準備を手伝った。

そんなとき、父親はまだ幼い油井に対しても厳しく接した。

深夜から始まる高原野菜の収穫では、野菜の切り口を綺麗に拭ってから運び出し、前日に作っておいた箱に詰める作業を繰り返す。作業は現場でのリーダーである父母の指示に従い、どのように箱を並べるか、シートをどこに挟むかといった手順を確実にこなす丁寧さが求められた。

「お父さんとお母さんが何をして欲しいかを考えて、先読みをして手伝いなさい」

と、油井は二人から繰り返し言われたことを覚えている。

「トラックまで何か一つ道具を取りに行く際は、石を拾ったり草をむしったりして畑をきれいにする。そういう細かいところまで指導されていました。そういうことって、実際の仕事にも役立ちます。上司や同僚の考えを先読みして、気が利く人になれば、仕事もはかどる。無駄を見つけて物事をどんどん改善していく姿勢が、農業の手伝いによって自分に染み付いたと感じています。いわば仕事の仕方やチームワークというものを、私は畑で学んだんですよ」

たとえ小学校一年生の手によるものであっても、農協では当然だが粛々と野菜の検査が行なわれていく。検査で不合格となる野菜を出荷してしまえば、家だけではなく地元の農協の信用問題にもなりかねない。

宇宙開発の仕事も農家の仕事も同じで、それぞれの人間が役割をきちんと果たす姿勢が何よりも必要とされる。

「誰かが見ていてもいなくても、役割を任されたら必ず責任を持ってやる。親からその姿勢を厳しく教わったんですね」

油井が宇宙というものに興味を持ったのは、そんな深夜の農作業の合間にふと見上げた夜空に、あまりに多くの星が瞬いていたからだった。その全ての星々が太陽と同じように燃えているという事実に、彼は不思議さとロマンを感じるような少年だったのである。

「そんなもん見てる暇があったら仕事せえ」

両親は空を見上げる油井にそう言っていたが、しばらくしてお年玉を貯めて望遠鏡を買おうとしている彼を見て、足りない分のお金を出してくれた。

早速、望遠鏡で土星を見てみると、彼にはそれが「ちゃんと宇宙に浮いている」という実感をともなって見えた。

「宇宙の広さを実感できたし、土星が実在することも実感できた」

後に宇宙飛行士になってＩＳＳに行ったとき、彼は日本の上空を通過する際にカメラの望遠レンズを故郷・川上村に向けた。拡大すると宇宙からでも実家の畑が見え、「ちょうど収穫を終えた時期なんだな」と家族の生活の営みが分かった。

このように夜空を見上げながら宇宙の広さを想像し、そのなかで宇宙への憧れを胸に育みながら過ごした少年時代の日々は、後に宇宙から地球を見たときの感情と確かにつながっているものだろう。

パイロットから宇宙飛行士への転身

ちなみに、油井は両親から農家の後継ぎになることを期待されていたが、長野県内の高校を卒業後は防衛大学校に進んだ。大学校では理工学を専攻し、一九九二年には航空自衛隊へ入隊する。航空自衛隊ではF-15戦闘機のパイロットとして任務に当たった。

彼が宇宙飛行士という仕事を意識したのは、その頃に映画『ライトスタッフ』を観て感銘を受けたからだった。

同映画はアメリカの最初の有人飛行計画であるマーキュリー計画を描いたもので、当時のNASAによって選ばれたのは一様に空軍のテストパイロットだった。航空自衛隊でテストパイロットの任務にも就いていた油井は、宇宙を目指す登場人物たちに感情移入しながら映画を観た。その後、二〇〇八年にJAXAによる五回目の宇宙飛行士候補者の募集が始まったとき、彼は思い切って応募したのだった。

「もともと私は子供の頃、新しい何かにチャレンジするような性格ではなかった」

と、油井は話す。

そんな自分が合格すれば職を辞することになる試験に応募したのは何故かというと、「航空自衛隊への入隊が全てのターニングポイントだったと思う」と彼は続ける。

「長野の農家で育った自分にとって、自衛隊は新しい体験だらけの職場でした。とりわけ空自は何千という人間を統制して動かす陸自とは文化が異なり、スクランブル時にはどこへ飛ぶかも知らされないまま、走って戦闘機に乗って飛び立つような世界です。最初はセントリフュージと呼ばれる遠心力をかける装置で気絶したりもしていたのですが、自衛隊にいるうちに新しい何かに向かっていくのが好きになったんです」

自衛隊での日々は、引っ込み思案だった油井の性格をすっかり変えてしまったのである。

油井が心に押しとどめたこと

そうして宇宙飛行士となってＩＳＳへ滞在したとき、油井は七〇億超という人類のなかで、宇宙にいるのはたったの六人に過ぎないという事実に、ときおり大きな責任を感じた。たとえツイッターでの一言であっても反響は大きく、「ちょっと怖いくらいだった」と話す。

「自分がそんな影響力を持ってしまっていいのかな」と、当初は戸惑いがあったと言うのである。

「私は自衛隊で育ったので、「仕事」と言えば、日本のために目立たなくてもいいんだ、という気持ちがありました。自分たちが目立つような世界は良くない、でも、自分たちが力を持っていないと日本を守れない。だからこそ、目立たずに自分たちが頑張るんだという気持ちでずっと生きてきたわけです。

ところが、宇宙飛行士はそうではない。広報的な役割も訓練で教わるし、そのなかで「笑って情報発信をしなさい」と言われる。私は「油井さんはいつも表情が硬い」と言われ続けたのですが、いつも背筋を伸ばして、なるべく前に出ないように生きてきた自分にとって、そうした宇宙飛行士の役割を演じることに、最初は違和感があったくらいでした。

だから、というわけではないですが、宇宙で感じたことの全てを私は発信したわけではありませんでした。それは自分が宇宙飛行士だったからです。いまも宇宙飛行士だから、何が言えなかったかもあまり言いませんが、明らかに地球を見て悲しい景色もあったし、複雑な思いに駆られる写真も撮りました。でも、国と国同士の話などは、いくらニュートラルであろうと心がけても誤解が生じるので、影響の大きさを自覚すればこそしなかったですね」

地球にいると平面的にしか考えられない

油井がこう語るのを聞いて、私は立花隆著『宇宙からの帰還』に登場する二人の宇宙飛行士のエピソードを思い出した。

一九六〇年代のアメリカの宇宙飛行士たちに話を聞いていく立花は、次第に彼らが〈地球の上で、国家と国家とが対立し合ったり、紛争を起こしたり、ついには戦争までして互いに殺し合ったりすることが、宇宙から見ると、いかにバカげたことかよくわかるということ〉を共通して述べていると気付いた。そこで彼は取材のなかで、当時はまだその渦中にあった〈米ソ対立、軍事対決路線〉についての見解を聞くようになる。そのうちの二人がアポロ７号に搭乗したドン・アイズリとウォーリー・シラーである。

一九六八年に打ち上げられたアポロ7号のミッションは、アポロ計画による初めての有人宇宙飛行であり、三人の宇宙飛行士を地球の低軌道に送ったものだった。

それが初めての宇宙飛行となったドン・アイズリは空軍の出身で、『宇宙からの帰還』では飛行前の女性関係のスキャンダルめいた逸話や後の実業界入りの経緯が詳述されているが、私はそのなかで語られる彼の次のような談話が強く印象に残った。

〈眼下に地球を見ているとね、いま現に、このどこかで人間と人間が領土や、イデオロギーのために血を流し合っているというのが、ほんとうに信じられないくらいバカげていると思えてくる。いや、ほんとにバカげている。声をたてて笑い出したくなるほどそれはバカなことなんだ〉

そう語るアイズリは、その認識の理由として次のように続けているのである。少し引用が長くなるが、宇宙から地球を見る宇宙飛行士の感覚の本質に迫る言葉の一つなのではないかと思う。

これはそのとき感じたことじゃなくて、後から考えたことなんだが、地球にいる人間は、結局、地球の表面にへばりついているだけで、平面的にしかものが見えていない。平面的に見ているかぎり、平面的な相違点がやたらに目につく。地球上をあっちにいったり、こっちにいったりしてみれば、ちがう国はやはりちがうものだという印象を持つだろう。（中略）しかし、そのちがいと見えるすべてのものが、宇宙から見ると、全く目に入らない。マイナーなちがいなんだよ。

宇宙からはそのマイナーなものが見えなくなり、一方で本質だけが見えると彼は続ける。〈地表的なちがいはみんなけしとんで同じものに見える。相違は現象で、本質は同一性である〉と。

地表でちがう所を見れば、なるほどちがう所はちがうと思うのに対して、宇宙からちがう所を見ると、なるほどちがう所も同じだと思う。人間も、地球上に住んでいる人間は、種族、民族、はちがうかもしれないが、同じホモ・サピエンスという種に属するものではないかと感じる。対立、抗争というのは、すべて何らかのちがいを前提としたもので、同じものの間には争いがないはずだ。同じだという認識が足りないから争いが起こる。

その後、いまは時代の過渡期であり、あと三、四〇年も経てば「ネイション・ステイト」（国民国家）の時代から「プラネット・アース」（惑星地球）の時代になる、とこの三〇年前のインタビューでアイズリは語っている。

現在から見るとその「過渡期」はいまなお続いている（あるいは問題はより深刻化、複雑化している）ように思えるが、これは油井が宇宙で抱いた認識をかなりの程度まで説明した言葉であるに違いない。

空から見た環境破壊と戦争

また、もう一人のウォーリー・シラーが同書で語っているのは、宇宙からいかにはっきりと地球の公害による汚染が見えるかということだ。

シラーは一九六二年からアポロ7号でのミッションを含めて合計三度の宇宙飛行を経験しており、その度に地球全体が酷い公害に汚染され、蝕まれつつある様子を宇宙から見たと話す。とりわけ上海上空の汚染は悲しみを覚えるほどで、〈六二年の上海は京都のように美しい街〉であったのが、一九六八年には他の有名な汚染地域と変わらない状態になってしまっていたという。

〈そういう状況を見て、地球に戻ってくると、これから地球はどうなるんだろうと、

ほんとうに心配になってきた。我々はこの地球にいったい何ということをしているんだと怒りの思いがこみあげてきた〉

この体験を背景にシラーは環境問題に興味を向けていくのである。

さらに立花の質問に対して答える彼は、ベトナム戦争の戦火の光も宇宙からははっきりと見えたと語っている。夜になると〈小火器の銃火〉さえ見えたと言うのである。それはまるで花火のようで、〈それが戦火でなければ、その美しさにみとれるくらい美しかった〉。

立花はシラーが『ライフ』誌に〈少なくとも宇宙だけは永遠に平和にとどまるべきだ。他国の安全に脅威を与えるような宇宙利用はつつしむべきだ〉と書いたことに触れ、彼のこんな言葉を続けて紹介している。

いわく、宇宙から見る地球には国境などない。そんな地球の自然な姿を見ていると、国境というものがどれほど不自然なものであるかが分かる――。〈それなのに、それをはさんで、民族同士が対立し合い、戦火をまじえ、殺し合う。これは悲しくもバカげたことだ。私は軍人として生きてきた人間だから（朝鮮戦争を現に戦った）、どの戦争においても、戦争には戦争にいたる政治的歴史的理由があり、そうそう簡単には戦争がない時代がこの地球に訪れそうにないということはわかっている。しかし、その認識があってもなおかつ、宇宙からこの地球を眺めていると、そこで地球人同士が相争い、相闘い合っているということが、なんとも悲しいことに思えてくるのだ。どんなに戦っても、お互い誰もこの地球の外に出ていくことはできない。

私はこの地球という惑星から三度離れたことがある人間としていうのだが、この地球以外、我々にはどこにも住む所がないんだ。それなのに、この地球の上でお互いに戦争し合ってる。これはほんとに悲しいことなんだ〉

もちろん金井が言っていたように、アイズリやシラーが宇宙飛行をした時代と現在では、そのリスクから社会的意味合いまで何から何までが異なっている。だが、それでもこの二人の言葉を長々と引用したのは、航空自衛隊のパイロットであった油井の認識が、三〇年前における彼らのこうした認識に連なるものだと思ったからだ。

宇宙ステーション内の米露対立?

宇宙からの地球の眺めについて、例えば野口聡一は、新幹線の〈新横浜の向こうが小田原で〉という感覚で地上の景色が移り変わっていくと表現している(『宇宙より地球へ』）。そこからの眺めは油井にとって言葉を失うほど美しかったが、一方で地球には温暖化や環境汚染の影響を目に見えて受けている場所も多くあった。それが宇宙から見ていると、〝次は新横浜、次は小田原〟という感覚ではっきりと認識できるのである。

また、油井がＩＳＳに滞在していた二〇一五年は、前年にクリミア半島の帰属を巡ってロシアとウクライナの間での危機が深まり、米露の緊張が高まっていた時期でもあった。

このときＩＳＳにいたのは油井の他に、アメリカ人のスコット・ケリーとチェル・リングリン、ロシア人のミハイル・コルニエンコとオレグ・コノネンコ、そして、セルゲイ・ヴォルコフの六名。初飛行なのはチェル・リングリンと油井だけで、いずれも複数回の宇宙ミッションの経験者たちだった。双方のニュースを聞いていた彼らは、その内容のあまりの違いに全員があきれ顔になったという。

「人間というのはある課題や目的を見つけ、それを解決する能力が非常に高いと私は思っています。宇宙ステーションの建設やそこでの働き方がまさにそうで、我々はお互いの国同士や政治が抱える問題を乗り越えて一緒に仕事をしているわけです。

ところが、地球を見渡すと必ずしもそうはなっていませんよね。例えば、環境問題も人類が同じ価値観を共有して叡智を結集させれば、解決できると思うのです。世界にはこれだけの人たちがいて、多種多様な技術があるわけですから。でも、実際には様々な問題が解決されない。それは価値観を合わせることが最も難しいからです。宇宙で仕事をして実感したのは、そんなふうに私たちは人類全体の能力のようなものを、かなり制限しているんだろうなということでした」

前述のように、油井の前職は航空自衛隊のパイロットである。宇宙飛行士になる前は、「自分の仕事にとって大事なのはアメリカとの関係が全てでしたから、そのような問題意識は持っていませんでした」と彼は話す。

「だから、宇宙飛行士に選出されてからも、訓練でロシアに行く際はかなりの警戒感を抱いていました。敵だと思っていた国ですし、そもそもロシアの側は私を入国させてくれるんだろうか、と。その頃はまだ、日本とアメリカのニュースが私にとっての〝世界〟で、自分にとっての正義は揺るぎない正義であって、相手がおかしな考え方をしているんだ、というところから思考を始めていたと思います。それに自衛隊で働いているときは、そうでなければ仕事ができませんでしたから」

宇宙ステーションに根付く価値観

――では、宇宙飛行士になってから、油井さんはどのように「世界」を捉えるようになったのでしょうか。

「例えば、戦争についての博物館などを見たりすると、自分がいかに片方の目で見た歴史しか知らなかったかに気付かされることがありますよね。それと同じで、私は戦争の専門家だったので歴史を勉強していましたが、宇宙飛行士になってロシア人を含む様々な国の人たちと働いていると、実際には知らないことが本当にたくさんある。日本の文化に近いものを発見して、親近感を持つことだってある。知らないということは罪なものだな、と」

――そのように物事の捉え方が変わったのは、宇宙から地球を見るという体験が背景にあるのでしょうか。

「円筒は上から見れば丸く見えるけれど、横から見れば四角にも見える。それは、ある意味では宇宙から地球を見るという視点なのだと思います。だから、私は宇宙飛行士になって以来、他の国を尊重するようになりました。あの国は間違っている、というような思考の癖はなくなりました。以前はそれがあった。あの国は何を考えているるか分からん、昔からずっと歴史的にも敵だ、というような考えがあった。

宇宙に行く飛行士の多くは、そうした視点を持っているはずです。様々な面から物事を捉えて、その物事にはいくつもの面があり、常に別の見方があるのだ、という視点です。それゆえに人が協力する難しさもあらためて実感しますし、ISSなどというものを宇宙に作ったすごさもあると思うんです。何よりISSにはISSの文化ができていて、それぞれの国の文化を否定することなく、お互いに尊重し合うんです。そうしなければ仕事ができないわけですが、そこで働いていると本当に素晴らしい文化だなと思いました」

もっと遠くへ行ってみたい

さて、農家で育ち、「土いじりをすると心が安らぐ」と言う油井は、「地球というのは本当に大きくて、何でも守ってくれる母なる大地だ」と感じてきた。だが、宇宙に行ってからは考えが一八〇度変わり、「地球とは小さくて壊れやすい存在」だと感じるようになった。

こうした自身の〝地球観〟の大きな変化は、もっと遠くへ行ってみたい、という宇宙飛行士としての思いを強めることにもつながったようだ。

「いま、私たちが行く宇宙ステーションの軌道は、宇宙と言っても海で言えば踝くらいまで水に浸かってみた、というレベルの場所です。これから真の意味での大航海時代を迎えて欲しい、という思いが私にはあります。

例えば、静止軌道上（赤道上の高度約三万五九〇〇キロメートル）の辺りまで行って、真ん丸な地球を見る。月の周辺まで離れて、親指に隠れるくらいの大きさの地球を見る。さらには地球が普通の明るめの星になってしまうところまで離れる――。そうした段階を追うごとに、どんどん違う感情が生じてくるのでしょう。だから、月の軌道にも行ってみたいし、月面にも火星にも行ってみたい。そのような体験によって、自分のなかにどんな感情が呼び起こされるのかを知りたいです」

油井は地球への帰還後の記者会見で、「宇宙にずっといてもいいと思った」と語っている。だが、その一方で半年間のISS滞在中に、ときおり地球が猛烈に恋しくなった瞬間もあった。例えば、それは世界標準時間の朝、ISSコマンダー（船長）のアメリカ人宇宙飛行士スコット・ケリーが、目覚ましのアラーム代わりに雷の音をスピーカーから流したときだ。「地球ってそう言えばこういう音がしていたよな」と懐かしさを覚え、自分でも意外なほど心が落ち着いたという。

二〇一五年一二月一一日、雪の降り積もったカザフスタンの草原に夜間の着陸を遂げたとき、彼は真冬の大気の冷たさや、様々な匂いのする空気や、身体に感じる重力に愛おしさを感じた。

「ただいま。体調は大丈夫です。重力を感じます。寒いけれど、みなさん大丈夫ですか？　宇宙も素晴らしいけど、地球も素晴らしい。冷たい風が心地よい」という帰還後のコメントには、そんな思いが込められていた。

「安心感もありました。重力に抱えられて、地球に抱きかかえられているような感じがしました。宇宙にいるとふわふわして身体もモノも安定しませんが、それがすべて安定しているのを見て、地球はすごいなと思いました。

人間の力はすごいなと思います。宇宙では水も空気も再生して、太陽電池を使って生きている。その科学力ですね。でも一方で何も考えないと環境を壊していくところもある。科学の技術は良い影響も悪い影響も地球に与えられるものなので、人間の責任というのは重要だなと思いました」

そしていま、「人はなぜ宇宙に行くのか」という問いに対して、彼は次のように答えるのだった。

「人間には活動の場を広げていく本能みたいなものがあると思います。もしその本能を社会が否定してしまえば、人類の存在意義が危うくなるのではないか、と私は思っているんです。地球の全てを使い果たし全てを知り尽くしてしまい、ずっと同じような活動をしていたら、人類の未来はどうなるんだろう、という漠然とした不安があります。それがなくなってしまえば、精神的にも荒廃するように思います。文学も芸術も娯楽もどんどん内向きに衰退していってしまうのではないか、と。

活動の場が広がる可能性や場があるからこそ、そこに夢を見出せるし、新しいことをしてやろうという気持ちも出てくる。だからこそ、人は宇宙に魅せられるのだと思います。宇宙を見るとワクワクする人が多いのは、そこに無限の広さがあるからでしょう。無限の広さとは無限の可能性であり、宇宙には未来が広がっていると感じる。

私はいつかは人間は遠くに行くし、そうでなければならないと思っています。資本主義も新たな価値や活動の場を見出していかないと成り立たないシステムであるわけです。人類が宇宙に行ける可能性を見出せれば、人類の未来は明るいし、そうでなければ衰退してしまう。それに宇宙にいるとき、月を見たり、惑星の写真を撮ったりしながら、私自身がもっと遠くに行きたいと思った。とにかく遠くに行きたくてしょうがなかったんです」

第6章　EVA：船外活動体験

――星出彰彦と野口聡一の見た「底のない闇」

船外活動（EVA）を行う星出宇宙飛行士
提供：JAXA/NASA

EVA：船外活動

本書でここまでに話を聞いてきた宇宙飛行士の体験の多くは、国際宇宙ステーション（ISS）やスペースシャトルの船内でのものが中心だった。一方で前章における油井や大西のミッションには含まれていなかったもう一つの宇宙体験として、宇宙空間へ実際に飛び出して作業を行なう船外活動（EVA）がある。すでに述べた通り、「新世代」のなかでは金井宣茂だけが体験したミッションである。

宇宙空間へ飛び出して作業を行なうこのEVAは、宇宙船内に滞在するのと比べて全く異なるインパクトを生じさせる体験だという。

例えば立花隆著『宇宙からの帰還』に、ジーン・サーナンという宇宙飛行士が登場する。サーナンは三度の宇宙飛行で月軌道や月面着陸などを経験したのだが、そのなかで彼はEVAの体験について次のように語っている。

〈宇宙船の中に閉じ込められているのと、ハッチを開けて外に出るのとでは、全く質的にちがう体験だ。宇宙船の外に出たときにはじめて、自分の目の前に全宇宙があるということが実感される。宇宙という無限の空間のどまん中に自分という存在がそこ

に放り出されてあるという感じだ〉

海軍のテストパイロットだったサーナンは、ジェミニ9号で初めて宇宙飛行をしたとき三二歳。その後、一九六九年にアポロ10号で月面着陸ミッションのパイロットを務めて月軌道まで行き、アポロ17号では船長として月に降り立った。

サーナンはこれまで月に到達した宇宙飛行士一二名のうち、月に二度行った三名のなかの一人である。現在では月面を最後に歩いた宇宙飛行士で、キャリアにおいて地球軌道を離れた時間は五〇〇時間近くに及ぶ。彼は月に降り立った際の体験とEVAについては分けて語っているものの、こうした宇宙体験の豊富な人物が〈そのときのセンセーションにくらべれば、地球軌道を離れて月に向かうとか、月の上を歩くといったことは、そう大したことではないといえるくらい、それは大きなちがいだ〉と続けているのだから、EVAがいかに深い宇宙体験であるかが分かるだろう。

では、日本人宇宙飛行士はこうしたEVAの体験をいま、どのようなものとして語るのだろうか。ここからはEVAを行なった星出彰彦、野口聡一、土井隆雄という三人の宇宙飛行士のインタビューを中心に、さらに彼らの宇宙体験に迫ってみたい。

星出彰彦、宇宙と出会う

一九九九年に宇宙開発事業団（現・ＪＡＸＡ）の宇宙飛行士に選出された星出彰彦は、二度目のミッションとなる二〇一二年八月三〇日、日本人として三人目となる船外活動を行なった人物だ。二〇二〇年に三度目の飛行が決定している彼は現在、若田光一に続くコマンダーになることが予定されている。現在はヒューストンのＮＡＳＡにいる彼とは、ＪＡＸＡの東京事務所でテレビ電話による取材を行なった。

二〇一二年のミッションにおいて、星出は合計三度のＥＶＡを経験した。そのなかで彼が最も印象的だったと語るのは、最初のＥＶＡのときのものだ。

その日、彼らに与えられた任務は、ＩＳＳへ新しいモジュールを設置する準備としての電力ケーブルの設置、およびＭＢＳＵ（Main Bus Switching Unit）と呼ばれる電力切替装置を交換する作業だった。

ＭＢＳＵは太陽電池パネルから供給される電力を、ＩＳＳの各機器に割り振る配電盤のような装置である。その四つのうちの一つに不具合が生じたため、スペアへの交換が必要となったのだ。

いまでもよく語られるのは、この交換作業で生じた予期せぬトラブルを、彼らがどのように克服したかについてのエピソードである。

このときのトラブルは次のようなものだった。

星出がMBSUのスペアを取り付けようとしたところ、ボルトが最後まで締まらない。彼は地上の管理チームからの指示に従っていくつかの対応を試したものの、やはりどうしても本来は締まるはずのボルトが締まり切らなかった。ともに作業を行なっていたサニータ・ウィリアムズはその状況を確認し、「ボルトの取り付け口から、金属片のようなものが出てくるのが見えた」と指摘する。そこで星出が視界を塞いでいたMBSUを退かしてみると、確かにネジ穴から粒子がキラキラと光りながら飛んでいくのが見えた。

こうしたトラブルが重なったため、一度目のEVAは予定を二時間超えた八時間に及んだ。船内に戻った彼らは地上のチームと対処について意見を交換。すぐさま対策が講じられ始め、船内の道具を組み合わせて金属片を取り除くブラシを作成する手順の検討が開始された。

それは飛行士用の歯ブラシや電源ケーブルを使い、船外に出すためにテープなどで補強するというもので、製作手順は地上からイラストやビデオによって指示された。

結果として二度目のＥＶＡでＭＢＳＵが無事に取り付けられたミッションは、ＩＳＳと地上のチームが見事なコンビネーションを発揮した一例となった。

ＥＶＡがもたらす「宇宙体験」

だが、そのような経過をたどったミッションを回想する際、彼が今も印象的に語るのは、このトラブルを解決した際のエピソードだけではなかった。この一回目のＥＶＡのとき、彼はＩＳＳ内にいたときとは全く異なる強烈な「宇宙体験」をしていたからである。

この日、星出とサニータ・ウィリアムズの二人は、起床してすぐに船外活動用の宇宙服に着替える準備を始めた。宇宙空間に出るまでには、五時間ほどの準備が必要だ。宇宙服内の気圧は普段の三分の一であるため、減圧症を防ぐために体内の窒素をあらかじめ排出しておかなければならないからである。そこで彼らは準備段階から一〇〇パーセントの純酸素を吸い続け、宇宙服を着たまま一時間以上かけて軽い運動をして窒素を体から出す。

ＩＳＳと宇宙空間は「エアロック」と呼ばれる部屋によって隔てられている。宇宙服を着た飛行士や道具・機材をその室内に運び込んだ後、ISS側のハッチを閉めて減圧を開始。室内が宇宙空間と同様の真空状態になったところで、逆側のハッチを開けていよいよ宇宙空間に出ていく。

このミッションで星出は、ロボットアームに乗って宇宙空間を移動した。EVAでは、金井がそうであったように、モジュールの外壁の手すりをたどって移動するのが一般的だ。しかし、今回の作業では小型の冷蔵庫ほどの大きさのMBSUを両手で持ち運ぶため、ロボットアームの先端に足を固定し、取り付け場所まで移動したのである。

このとき、エアロックのハッチから宇宙空間にふわりと出た彼は、初めての船外活動を楽しむ余裕はまだなかった。これからの仕事のことで頭がいっぱいで、手順を何度もシミュレーションしては、二つ先、三つ先の作業に対する心の準備をしていたからだ。よって最初はISSの外に出たことに対して、何らかの内的な感情を意識することはなかった。MBSUの交換作業を始めてもそうだった。

「そもそも大きな装置をしっかり持たなければならないので、ロボットアームの先端に乗って移動しているときも装置が視界を塞いでしまっていたんです。それで周囲の光景も眺められませんでした」

何物にも遮られることのない宇宙

だが、ロボットアームによってゆっくり移動していくと、彼の身体はじきにＩＳＳの先端部分を越えた。ＭＢＳＵの装置を抱えたままの彼は、視界の横に「きぼう」の船内実験室の前方部分を捉えた。

「あれ？　「きぼう」の前側が見えるということは、自分はそれより前にいるんだ」と、彼は思った。

そのとき全ての構造物は自分の後ろ側にあり、前を遮るものがＭＢＳＵの装置だけとなっていることに、彼は気付いたのである。

そこで装置を少しどかして周りの様子を見ると――。

「目の前に何にも遮られていない宇宙と、足下に地球があったんです。そのとき見た光景を、私はいまだに言葉にできていません。私は三回、船外活動を行ないましたが、そのまさに一度目のときに、ロボットアームの先端に乗って、宇宙ステーションのいちばん前に出て、何にも遮られない状態で宇宙と地球を見たんです。宇宙ステーションの構造物は全て後ろにあって視界に入らない状態。あの場所から宇宙と地球を見ていたのは、ほんの数分に過ぎないと思いますが、本当に無言にならざるを得ない美しさを感じました」

星出はＩＳＳの外から視界いっぱいに広がる宇宙と地球を見ながら、「自分はいままで宇宙ステーションに守られていたんだな」と強く実感したという。

星出の一度目のフライトのときは、ＩＳＳにまだキューポラは取り付けられていなかった。地球を眺めるのにちょうど良い位置にある窓はほとんどなく、星出が他のクルーとかわるがわる地球を見るために覗き込んだのは、実験室である「きぼう」の窓だった。

ミッションの終わり頃になると、星出はその「特等席」に寝袋を括り付け、美しく輝いている地球を寝る前の時間帯に眺めた。そうして「そろそろ寝ようかな」と思ってシャッターを閉めるまで、次々と移り変わる地球の姿に見惚れていた。

眼前は底のない闇

「実は私は初めて宇宙に行く前は、飛行士の誰もが「地球が美しい」と言っているのを聞いても、それはそうだよな、と思うだけだったんです」

と、彼は振り返る。

「地球の美しさは地上にいても想像できる。正直に言ってそう思っていました。だから、私自身は宇宙に行ったら、地球よりも星を眺めたいと考えていた。それなのに実際にＩＳＳから地球を見ていると、本当に目が離せなくなってしまったんです。

宇宙ステーションは九〇分で地球を一周するわけですが、山や海や都市、夜明けや昼や夜と景色が刻一刻と変化していく。それは時間があればいつまでも見ていたいと思わせる美しさで、四か月間の滞在でも全く飽きませんでした。もし仕事ではなく旅行者として宇宙に行ったら、私はずっと窓にへばりついていると思います」

だが、ＥＶＡを行なうためにＩＳＳの外に出て、何も遮るもののない状態で地球や宇宙を見たとき、彼の胸に生じたのはさらに別の感情だった。

「宇宙ステーションのなかから宇宙を見ても、結局は窓を通して見ているわけですから、視界には船外の構造物や船内の窓枠が入ってしまいます。その窓もけっこう厚いので、どうしても層の反射など、何かしら視界を遮るものがあるわけです。それが宇宙に身一つで出て行くとなくなり、「これまでは守られていたんだ」という感覚を初めて感じました」

――その光景はＩＳＳ内からのものとは違うものだったのでしょうか？

「もう、何て言うんですかね。船外で何も目の前に遮るものがない状態で宇宙空間にいたときの感覚は、やはり船内にいたときとはぜんぜん違いました。目の前には地球と宇宙しかない。宇宙の闇の深さ、それに対する昼間の地球の青さ。その世界を宇宙服のバイザーを一枚隔てただけの肉眼で見ていると、息を飲むとはこういうことなのかと感じました。足下に見えた地球を含めて、いま自分は宇宙全体を肌で感じているんだ、という気がしたんです。

あのとき、私の耳には他の宇宙飛行士と地上のチームが交信している声が聞こえていました。仕事の緊張感はもちろんあって、次の作業のことは頭の片隅にありました。でも、ロボットアームが作業場所に着くまでには、まだ少し時間がかかると分かっていました。

何かを考えて、次のアクションを起こす必要がなかったので、「いまこの瞬間だけはこの時間を独り占めしたい」という気持ちになったものです。とにかく自分だけの時間として、その景色を見ていたい。目の前にあるこの景色を、とにかく集中して吸収させてほしい、と思ったんです。だから、その数分のあいだは、どうか誰も俺に話しかけないでくれ、と念じながら、ただただ地球と宇宙の闇に対峙していました」

ＪＡＸＡの現役の宇宙飛行士のなかで、三度の選抜試験を受けたのは星出だけである（一度目は応募資格を満たさず願書を受け付けてもらえなかった）。

小学生のときの作文に「宇宙飛行士になりたい」と書く少年だった彼は、高校時代にＮＡＳＤＡが日本で初めての選抜試験で毛利衛、向井千秋、土井隆雄の三名の宇宙飛行士を選出したというニュースに接して以来、宇宙に行くことを夢見てきた。

そして大学卒業後にＮＡＳＤＡに入り、一九九九年の選抜試験でついに宇宙飛行士の仲間入りを果たす。そんな彼にとってＥＶＡでの「数分間」は、自らの人生にとっての大きなハイライトの一つとなったのである。

「宇宙に出て行くこと、そして、人類が宇宙に住むことによって生み出されるのは、無限の可能性なのではないかと私は思っています」

と、彼は油井と同様に言った。

「いまは一握りの宇宙飛行士だけの世界ですが、多くの人が宇宙に出て行くようになったとき、新しい産業だけではなく、新しい文化や思想が生まれてくるのではないか。それらは地球から遠くに行けば行くほど新しくなり、また、人類はそうすることを求めているんじゃないか……。

宇宙ステーションの外に出たとき、目の前に広がる宇宙の底のない闇に、私は畏怖を感じました。同時に、この地球があってこそ、初めて僕たちはより遠くに行けるんだな、と確かに思った。例えば宇宙ステーションにある空気も水も、結局は地上から持ってきたものであるわけです。地上からのサポートなしに、人は宇宙では暮らせない。地球という存在がなかったら、私たちはこの真っ暗な宇宙で生きてはいけない。そういう状態に長く身を置いてみると、「自分は地球に生かされているんだ」というこれまでの漠然とした感覚に、確かな説得力が出てきたと感じています」

あの球体のなかですべてが起こった

日本人として若田光一に次ぐコマンダーとして宇宙に向かう予定の星出と同様に、二〇二〇年に三度目の宇宙への滞在が予定されている野口聡一は、『宇宙からの帰還』を高校三年生のときに読んだことを、宇宙飛行士を志した原点に挙げている。

彼は二〇〇五年のスペースシャトル・ディスカバリー号でのミッションの後、二〇〇九年一二月からソユーズでＩＳＳに長期滞在した。

彼がＥＶＡを行なったのは、そのうちの最初のミッションだった。その一度目のミッションから帰還してからまだ一年足らずの頃、二〇〇六年二月号の『中央公論』誌上で立花隆と対談した彼は、ＥＶＡという体験について聞かれてこう語っている。

〈窓越しに景色としての地球を「見る」のと、ＥＶＡで目の前にある地球を物体として「感じる」のとでは、リアリティが違う。何しろ自分が生まれて以来見てきたすべての人々、すべての生命、すべての景色、すべての出来事は、目の前にある球体で起きたことなのですから。地球と一対一で対峙しながら考えたことは、見渡す限りの星空の中で生命の輝きと実感に満ちたこの星は地球しかないということでした。それは知識ではなく実感です。天啓と呼んでもいいかもしれない。それが私にとっての人生観の変化と言えるのかもしれません〉

ＥＶＡの際に見た光景を「知識ではなく実感」と表現する彼の言葉は、星出や毛利、サーナンの言葉とも共鳴し合うものだろう。

この対談が行なわれてからすでに一〇年以上の歳月が流れ、ＪＡＸＡの東京事務所で会った野口は、最初のミッションでのＥＶＡ体験が「いまもなお心に引っかかったまま」だと話した。

「僕は船外活動を三回、合計で二〇時間くらい外に出ましたが、ある一瞬の感覚がとりわけ強く印象に残っています。ふと目の前にある地球が一個の生命体として――あ る意味では自分と同じ生命体として――宇宙に存在しており、いまこうして僕らが話をしているように、そこに一対一のコミュニケーションが存在するかのような気持ちになったんです。僕は地球の周りを回っている。地球も太陽の周りを回っている。大きな物理法則に従いながら、ある一点で二人というか、その二つが共存しているという感覚があった。僕は二〇〇五年のあのときから、ずっとそのことの意味を考えてきました」

このような言葉からも分かる通り、野口は宇宙体験による自らの内的な感情を率直に語ってきたタイプの飛行士だ。

だが、初めてのミッションのために訓練を行なっていた頃を振り返るとき、野口は金井と同様に「もともとは宇宙に行くのは単に出張に過ぎない」という気持ちを抱えていたとも語る。

「僕も最初のうちは金井さんと同じような話をしていた可能性はありました。宇宙に行くと言っても、定められた機体に乗り、必要な作業をやり、帰って来るだけです。それが自分の仕事だ、と。飛行機のパイロットと同じです、というふうに思うようにしていましたからね」

宇宙飛行士のミッションはあくまでも仕事であり、定められたロケットに乗り、長い訓練で培った技量を発揮する。それが宇宙飛行士に課せられた役割だ。だから、「神の存在を信じるか」「人生観は変わったか」といった質問を受けても、自分の興味とは異なるそんな抽象的な問いには答える必要はない——といった気負いのようなものがあった、と野口は言うのである。

ところが最初のミッションの後から、彼は宇宙体験による内的な衝撃を積極的に語る日本人宇宙飛行士の一人になった。

その大きなきっかけとなったのが、二〇〇三年二月一日のスペースシャトル・コロンビア号の帰還時における事故だった。

宇宙飛行士としての原点

一九六五年に神奈川県横浜市に生まれた野口は、一〇代の頃から宇宙飛行士という仕事に憧れてきた。後に二〇〇五年の一度目の宇宙飛行までを描いた自伝『オンリーワン』によると、初めてその職業を意識したのは一九八一年四月、アメリカによる最初のスペースシャトル計画の打ち上げの瞬間をテレビで見たときだった。

また、それ以来宇宙への憧れを見せるようになった彼が、両親から〈こんな宇宙の本が出ているよ〉と渡されたのが、同じ時期に出版された立花隆著『宇宙からの帰還』だった。アメリカ人宇宙飛行士たちの「その後」の姿が描かれた同書を読み、大学受験を控える高校生だった野口は、宇宙飛行士を現実的な仕事としてイメージできるようになった、と振り返っている。

『宇宙からの帰還』の「むすび」で、立花は次のように書いている。

〈彼らにインタビューをしながら、私は自分も宇宙体験がしたいと痛切に思った。彼らと話せば話すほど、写真やテレビや活字で伝えられている宇宙体験と実体験がどれほどちがうかがよくわかるのだ。そして、私が宇宙体験をすれば、自分のパーソナリティからして、とりわけ大きな精神的インパクトをうけるにちがいないだろうと思う。そのとき自分に何が起きるだろうか。私はそれを知りたくてたまらない〉

野口もまた、この一冊のノンフィクション作品を読んで同じ気持ちを抱いたという。

一浪の末に東京大学理科一類に合格した野口は、航空学科（現・航空宇宙工学科）に進んで航空機エンジンの研究を行なう。大学院でも同じく航空機エンジンの研究を専攻し、修士課程の卒業後に石川島播磨重工業（ＩＨＩ）に就職した。

入社して間もなく高校の同級生だった女性と結婚した野口が、当時のＮＡＳＤＡが公募した三度目の宇宙飛行士選抜試験を受けたのは一九九五年のことだった。

三年前に行なわれた二度目の選抜試験のときは、実務経験三年以上という資格を満たしていなかった。長女が生まれたばかりで、ＩＨＩでの仕事も充実してきた時期だったが、これを逃すと次の試験がいつあるかも分からない。妻の勧めもあって受験を決めた。そして、冬から翌年にかけての長い試験の末、野口は五七二人の応募者のなかからたった一人の宇宙飛行士候補に選ばれたのだった。

コロンビア号の空中分解

以後、彼は宇宙飛行に向けてアメリカなどで訓練を続けていったわけだが、そんななか、いよいよ最初のフライトの実現が近づいてきたときに起こったのが、二〇〇三年のコロンビア号の事故であった。

当時、すでに数度のフライトの延期を経て、野口の訓練期間は六年に及んでいた。NASAの宇宙飛行士たちとも家族ぐるみの付き合いとなり、彼自身も次回のミッションに最優先で指名される「プライムクルー」という立場を得て、あとは三月に予定されているフライトの日を待つばかりだった。

自著のなかで野口はコロンビア号の空中分解事故の日を、〈ぼくの「それから」を一変させた日〉（以下、『オンリーワン』より）と書いている。

そもそもコロンビア号が打ち上げられた一月一六日は当初、彼が宇宙に初めて旅立つはずの日だった。だが、ＩＳＳ側の準備が遅れたため、打ち上げ日を別のクルーに譲ったという経緯があった。事故で亡くなった七名の宇宙飛行士は、当然のことながら全員が訓練をともにしてきた仲間だった。

事故後、スペースシャトル計画の全ての予定はキャンセルされ、宇宙飛行士たちは遺族のケアを担当するグループと機体の部品回収のグループに分けられた。野口は後者を担当し、テキサス州とルイジアナ州にまたがって散った部品を探すため、事故の二か月後に森林地帯で捜索を行なった。

捜索では防護服などを装備した一チーム二〇名が、等間隔で一列になって進む。毒蛇のいる暗い森のなかを何度も転びそうになりながら進むと、隣の捜査員が真っ黒になった耐熱タイルの破片をしばらくして見つけた。

そのとき、彼はこう思ったと書いている。

〈見つかってよかったと思う反面、今日まで誰の日にも触れずにここに眠っていたのかと、コロンビアの遺骨を拾っている気持ちになりました。森の上のテキサスの青空は事故当日と同じ色でした。ぼくの友人たちは、そのときになにを思っていたのか。彼らの冥福を祈りつつ、森を後にするしかありませんでした〉

「死」との直面

落下部品の捜索活動にも加わって以来、野口にとって宇宙へ行くことの意味は変わらざるを得なかった。それまでは一つの「職業」であり「仕事」だと考えていたフライトが、自らの死とも直結する人生の観念的な問題を含むようになったからだ。

野口は三人の娘の父親でもあり、この頃はすでに長女が七歳になっていた。幼子の二人はともかく、長女はコロンビア号の事故で飛行士が亡くなったことを理解しており、事故が起きた理由や宇宙開発の意義をしっかりと話して聞かせる必要もあった。家族に向けて遺書も書いた。そうして次のフライトの予定が決まらない日々を過ごすなかで、野口は「それでも宇宙に行く意味とは何だろう」と考え始めるようになったと言う。

「僕の方が事故のあった機に乗っていた可能性も、十分にあったわけです。だから、宇宙に行くことに対する葛藤が生じたのだと思う。それがなければ、ぽっと行ってぽっと帰って来る、という可能性はあったといまでも思いますから。僕の場合はそれができなかったんですね。あの事故以来、単に自己実現や船外活動のテクニックを披露するといったことだけでは、自分が宇宙に行こうとする理由を説明できなくなりました。宇宙に行く意味を自分がどのように捉えるべきか。あの事故を間近で見てなお、それでも飛びたいと言える理由をはっきりさせなければならない、と思ったんです」

——その理由を考えた結果はどのようなものだったのでしょうか。

「例えば、宇宙ステーションの組み立ては、確かに壮大な計画だけれど、そのために死ねるかと言ったらたぶんそうじゃない。ならば、宇宙に行くことで得られるのは、自分自身の内面的な変化であったり、世界を見つめる目を次のステージに進めたりということなんじゃないか、と考えるようになりました」

船外から見た地球

宇宙からの帰還後、野口は大学の研究者と共同研究を行ない、学会誌に「内面世界の変化」や無重力による「定位感の喪失と再構築」といったテーマで論文を寄せるなど、自身の宇宙体験の分析に積極的な姿勢を見せていく。次回のミッションでも新たな研究のアプローチを模索している。

そして、宇宙体験の意味を積極的に模索する彼のこうした姿勢に、コロンビア号の事故とともに強い影響を与えたのが、一度目のミッションでのEVAの体験だったのである。いわば野口は仲間を失った事故で宇宙体験の内的な意味を考え始め、後のEVA体験によってその思考をさらに深めていったことになる。

では、野口にとってそれはどのような体験だったのか。

彼の初めての船外活動は二〇〇五年七月、宇宙滞在の七日目に行なわれた。三時間かけて宇宙服を身に着け、エアロックの気圧を抜いた後にハッチを開けてISSの外へ出た。その瞬間、〈目に飛び込んできたのは、猛烈な光の量でした〉と彼は同じく自著『オンリーワン』のなかで振り返っている。同時に圧倒されたのは、太陽の光を反射するその地球が、ISS内から見るものとは比べようもないほどの〈存在感〉を放っていたことだ。

また、地上四〇〇キロメートルから見る地球はあまりに大きく、眩しく光り輝いているにもかかわらず、〈手を伸ばしたら届くのじゃないかというほどの親しみやすさ〉を感じさせた。

〈同じ宇宙からでも、船内からと船外からとでは、圧倒的に見えるものが違いました。宇宙船から見ている景色は、端的に言うと新幹線の中から見る富士山のようなもの。ひとつの景色でしかないいんです。きれいだと感じるし、懐かしい地形を見ると感激もする。でも、手を伸ばせば届く様なリアル感はない。しかし船外に出ると、なによりもまずその存在感に圧倒されてしまう。「目で見る」ことと「触感で感じる」くらいの違いがある〉

それは野口にとって、〈匂いたつような、概念や吹き込まれた知識ではない、間違いなく存在しているという「青」い地球〉だった。彼がハッチを開けた瞬間に直感的に抱いたのは、「生きている地球がそこに確かにある」という実感だったのである。〈そして、その光に満ち満ちた世界にぼくのすべてが在る。これは、地球というのはかけがえのない世界なのだ。どうしてぼくのすべてが在る地球を外から見ているんだろうか。

生きている、生き生きとした存在。どこかに意思を持っている物体であるというようなリアリティがある。そこを走っている車が見えてしまうようなリアリティがある。そこに住んでいる人が見えるんじゃないかというようなディテール感がある〉

このように言葉を重ねながら、野口は〈見たことを表現したいのに使える言葉は限られてしまう〉と、言葉で表現しようとしてもそれがかなわないもどかしさを吐露している。それでも、読む者に決して全てが伝わらないと理解してなお、彼は言葉を重ねずにはいられない。

言葉にならない会話

船外活動の間にときおり地球の方に目を向けると、野口はそれが自分に何事かを語りかけているような気がしたという。そのうちに胸に生じたのが、次のような答えの出ない問いだった。

〈ぼくが生まれてから知っているすべてがそこにある。まちがいなく、ある。でも、すべてがあるはずなのに、外からはなにも見えない。すべてのものが存在して、ゆっくりと回っている。単なるひとつの天体として、突き放せない。

その強烈な存在感は生き物のようでした。「オレはここにいる」と、語りかけてくるんですから。地球とぼくとの、一対一の対峙。そこに生まれた言葉にならない会話。

この輝きはなんだろう。輝きは命を持っているからだろう。すべての命を内包しているから、その命が輝いているんだろう。太陽の光を反射しているのが理屈だとしても、地球本来の内包する輝きからのものではないのか。ぼくの命の流れがその輝きの中にすべてあって、ぼくもそこにいるべき存在。なのにこうして外から見ている不思議さは何だ？〉（『オンリーワン』）

宇宙という暗黒の死の世界を背景にするとき、そのような生命に溢れた地球はより際立って見えるようだった。それを彼は世阿弥が『花鏡』のなかで言う「離見の見」という言葉で説明しているが、それはもはや言葉を超えた何かだったということだろう。

薄い大気の層の境目には〈生死のせめぎ合い〉があり、それは野口に地上にいたときは意識しようにもできなかったその双方を意識させた。そして、人間だけではない全ての命の歴史を、地球こそが見守ってきたのだという〈確信〉を覚えたと彼は書いている。

〈僕はいま、こうして外から地球を見ているけれど、間違いなくあの星へ帰っていく。地球で生きる六九億人のなかの見分けのつかない一人として、もといた場所に戻り、そしていつかあとかたもなく消え、地球の一部に還っていくのだ〉（『宇宙少年』）

だからこそ、その「生」の世界にも「死」の世界にも属さず、本来は〈地球の一部〉であるはずの自分が見ている光景が不思議だった。〈生死のせめぎ合いの世界からどうして自分が外れているのかを体が納得していない〉ような気がした。そして感じたのは、〈絶対的な孤独〉だったと野口は自著で振り返っている。

「あのときに自分が見たもの、感じたものはいったい何だったのか」

と、三度目の宇宙飛行を控えた彼は言った。

「おそらくその答えには自分の人生のなかで、長い時間をかけてたどり着くべきなのだろうと思っています。答えを探す過程そのものに意味があるのかもしれないし、そうではないかもしれないけれど」

第7章

宇宙・生命・無限

――土井隆雄の「有人宇宙学」

第2回目のEVAクレーン操作を行う土井MS（右）とスコットMS（左）
提供：JAXA/NASA

宇宙とともにあった人生

人生には、この瞬間のために自分は生きてきたのだとそのとき感じ、その意味を後の長い歳月においても考え続けることになる体験というものが、多かれ少なかれあるのではないだろうか。

野口にとっての船外活動（ＥＶＡ）はまさしくそのような体験だったわけだが、もう一人、同じくＥＶＡの際に見た光景の自らにとっての「意味」を、現在も考え続けている日本人宇宙飛行士がいる。

土井隆雄――宇宙開発事業団（ＮＡＳＤＡ）の第一回宇宙飛行士選抜試験で毛利衛、向井千秋とともに宇宙飛行士に選ばれた一人である。

現在、土井は京都大学の「宇宙総合学研究ユニット」の特定教授を務めており、私は二〇一七年一二月に彼の話を聞く機会を得た。

その日、京都は底冷えのする寒さで、駅から左京区にある吉田キャンパスに向かう道中には雪がちらついていた。

研究室で会った土井は人当たりが良く、宇宙体験についての私の質問に対しても終始にこやかに対応してくれた。その穏やかな話し方や仕草に、知的な雰囲気が漂っていた。

だが、一方で日本の宇宙開発の課題を指摘する瞬間や、ときおりこちらの考えを推し量るような問いを挟み込む瞬間には、思わず緊張してしまうような鋭さも感じた。一つひとつの言葉を吟味しながら自身の体験や考えを語る土井は、どうやら一筋縄ではいかない人物であるようだ、というのが私の第一印象だった。

ＪＡＸＡ（旧・ＮＡＳＤＡ）所属の宇宙飛行士のなかでも、宇宙から帰還した後の彼のキャリアはかなりユニークなものだ。

一九五四年生まれで、取材時に六三歳だった土井は、これまでの人生のほぼ全てを通じて「宇宙」をテーマにしてきた。そのように宇宙に惹きつけられたきっかけを聞くと、

「あれは一九七一年、高校二年生の夏休みのことでした」

と、彼は話し始めた。

当時、大阪府の三国丘高校に通っていた土井は、学校の天文部から借りた口径二〇センチメートルの望遠鏡で毎日のように夜空を見上げていた。その年は火星が地球に大接近する時期にあたり、レンズ越しに極冠の白い輝きがはっきりと見えた。

「大気の状態が安定していたのでしょう。オレンジ色の火星の細い筋の模様もよく見えました。思い返すと、あの年は夏休みを通して大気が安定していて、火星や木星、球状星団が素晴らしく綺麗だった。ある一晩などは、火星の模様が緑黒く見えて、あたかも植物が生えているみたいで――。まるで魔法をかけられたように思いましたね。

いまになっても、あのとき以上に火星や木星が良く見えたことが僕にはないんです。大阪の工業地帯の近くですから、空気だってそんなに澄んでいたわけではないはずなのに。だから、僕はあの一九七一年の夏を「魔法の夏」と呼んでいるんですよ。そして、その夏に「宇宙を一生の仕事にしよう」と決めたのです」

土井の歩んだキャリア

そうして宇宙工学者や天文学者を夢見るようになった彼は、東京大学で宇宙工学を専攻した。そして、大学院を卒業後は宇宙科学研究所（通称ＩＳＡＳ。東大で発足し、後にＪＡＸＡの一部門となった機関）の研究員を経て、ＮＡＳＡルイス研究所の同じく研究員となる。ＮＡＳＤＡが日本で初めて募集した宇宙飛行士選抜試験に応募し、宇宙飛行士候補に選ばれたのは一九八五年のことだった。

毛利衛が一九九二年九月にエンデバー号、向井千秋が一九九四年にコロンビア号で宇宙飛行をしたのに対し、土井の初飛行は一九九七年と最も遅い。一九九六年には第二回の選抜試験で飛行士となった若田光一のフライトも実現しており、土井は飛行士に選抜されてから初めて宇宙に行くまでに一二年間も訓練を受けた。

だが、待ちに待ったコロンビア号でのそのミッションは、土井にとってはもちろん、日本人宇宙飛行士の歴史にとっても特別な意味のあるものとなった。日本人として初めてのＥＶＡを行なうことになったからである。

また、エンデバー号に搭乗した二〇〇八年の二度目のフライトでは、「きぼう」を国際宇宙ステーション（ＩＳＳ）に取り付ける作業を彼は担当した。土井は天文学者としての顔も持ち、この二度のミッションの間には超新星を発見、アメリカのライス大学大学院で天文物理学の博士号も取得している。

日本の第一期宇宙飛行士として最も長くＪＡＸＡに在籍した土井は、二度目のフライトの翌年に五四歳でＪＡＸＡ飛行士を引退した。その際の会見では「飛行の後、何をしようか考えた。次のチャンスを待ってもいいが、飛行士としてやろうと思ったことはすべてやったと満足感もある」（共同通信二〇〇九年七月八日）と語り、ウィーンにある国連宇宙部の宇宙応用課に次のキャリアを求めた。

宇宙、そして生命への興味

京都大学の特定教授となったのは、それから七年後の二〇一六年である。学術機関の研究員やアメリカでの博士号取得など、学者肌の彼にとっては自然な流れであったようにも見えるが、国連職員への応募の背景には彼自身の宇宙体験が深く関係していた。

「宇宙飛行士になった頃の私は、宇宙工学者としてロケットを作り、宇宙探査をしたいという宇宙一本やりの人生を送っていました。天体観測も昔から好きで、とにかく宇宙に触れてみたい、調べたいという気持ちが第一だったんです」

と、土井は当時を振り返って話す。

ところが二度目のミッションを終えて地球に戻った頃、彼は「もう一つ大切なことがある」という思いを抱くようになっていたという。

「二四年間という時間を宇宙一筋に生きてきたけれど、宇宙から昼間の地球を眺めてこんな思いが自分のなかに生じてきたんです。宇宙からは人間の作り出す「文化」は見えません。そこに国境というものはなく、地球という海と陸地の織り成す素晴らしい惑星がただただ存在していました。しかし、夜になると一転して今度は街が見え始めます。灯りが点々としている様子が見えるんですね。

そうした地球の姿を眺めていると、自分が生まれたこの地球に暮らす人々の営みについて、私はまだ何も知らないんだ、という思いが胸に湧いてきたんです。世界中に二〇〇か国近い国家があり、多様な文化があることは知識としては知っている。しかし、地球を宇宙から見ると全てが見えてしまう。全てが見えてしまうがゆえに、その個々について自分が理解していないことも、同時に分かってしまう。私は宇宙から地球を見て、その様々な世界や文化、人々についてもっと知りたいと思った。

いわばこれまでは「宇宙」だけに興味を持っていた私は、宇宙から地球を見ることで、生命への興味を抱くようになった、と言い換えてもいいでしょう。宇宙が分からないように、生命も全く分かっていない。私たち人類にとっての二つの神秘として残された宇宙と生命、その二つを今後の人生で探求していきたいと考えるようになったのです」

そして、このように語る土井の思想の根底に脈々と流れているのが、一度目のミッションの際のＥＶＡの体験なのである。

土井のEVA体験

自らが「魔法の夏」と名付けた夏から二六年後、彼は一九九七年一一月にスペースシャトル・コロンビア号に搭乗し、一度目のミッションに向かった。そのとき、日本人として初めてEVAを行なった彼の宇宙体験は、結果的に日本人宇宙飛行士だけではなく、宇宙開発史全体のなかでも稀なものとなった。

その日、土井がウィンストン・スコットとともに行なったミッションは、衛星の「スパルタン」を素手で捕まえるというものだった。スパルタンは太陽コロナ観測用の衛星で、三日前にコロンビア号から放出されていたものだ。だが、衛星システムの起動がうまくいかず、それを回収しなければならなくなったのである。

すでに述べた通り、船外活動を行なう宇宙飛行士は、前日からそのための準備を始める。宇宙船の外に出る際に身につける宇宙服は、一〇〇パーセントの酸素と三分の一気圧が維持されている。だが、気圧を急に三分の一に落とすと、人間の体内では血液中の窒素が泡となり、潜水病と同じ症状を起こす。

そこでスペースシャトルでのEVAでは前日からシャトル内の気圧を下げておき、

作業に当たる飛行士は同時に純粋酸素を吸って体内から窒素を抜いていく。そして、さらに宇宙服を着てからも二時間ほど酸素を吸い続け、EVA開始の直前に気圧を三分の一まで下げてシャトルの外に出る——というのが一連の流れだった。

宇宙服を着た状態での活動がときに特別なものとして語られるのは、この酸素によって気分が普段よりもくっきりとするからではないか、という推測もある。土井も「気分が変わったということはありませんでしたが、純粋酸素を吸い始めると頭が活性化して目が覚めた」と振り返っている。眠気がなくなり、体の怠さがなくなったという。

「それから、宇宙に行くと重力がないので、地上ではひしゃげた状態の眼球が丸くなって近視が治るんです。だから、私も一度目の船外活動では眼鏡をしましたが、二度目は外しています」

EVAを行なう二人の宇宙飛行士は、宇宙空間と船内とを分けるエアロックでそのときを待つ。エアロック内の空気が徐々に抜かれ、気圧がゼロとなった後、土井は扉を開けてスコットとともに宇宙空間に出た。

スペースシャトルのエアロックは貨物室に面していた。土井のミッションではコロンビア号がスパルタンに地球側から接近していくため、貨物室側は太陽の方を向いていた。よって彼がエアロックのドアから顔を出すと、最初に見えたのは暗黒の宇宙と真空のなかで光を四散させる太陽だった。

宇宙服に身を包んだ土井は左舷の壁伝いに進んだ。しばらく行くと視界が広がり、足下に地球が見えた。

「船外活動のときに見る地球と、宇宙船のなかで見る地球は全く違うんですね」

と、彼も言う。

「ヘルメットには二〇〇度近い視野がありますから、宇宙船内にいるときと異なり、地球自体が視野全体を覆ってしまうくらい見える。実際にはもちろん音はしないわけですが、「ゴー」という感じで視界いっぱいの地球が流れるように回っていました」

このミッションのために土井は、コロンビア号の貨物室に足を固定し、船がスパルタンに近づくのを待った。ＥＶＡを行なう二人にとってこのミッションが特別だったのは、その間に必要な作業がなく、回収作業が始まるまでの二時間半にわたって、ただただ宇宙と地球を見つめる、という時間を体験したことだ。

従来のＥＶＡは分刻みのスケジュールで行なわれるもので、「五分間空いたら地上の誰かの失策だと言われるくらい」（野口）だというから、二時間半もの待ち時間は相当に異例のものだった。

「無限というものを直接、この目で見た」

コロンビア号は地球を約九〇分で一周するため、二時間半の間に土井は地球の朝と夜を二度ずつ見た。

そのとき彼の心に生じたのは次のような感覚だった。

「待ち時間の間にただただ地球を眺めていると、それがすごくあたたかく感じられたんです。下の方で地球がダーッとパノラマになって流れていました。青く、白く輝いている。大気層から飛び出してくる青い光は太陽光の反射ではなく、大気の分子自体が青く発光している散乱によるものです。それが素晴らしい。その美しさへの感動が、次第にあたたかみへと変わっていったのです」

だが、そのように光り輝く地球は夜明けから四五分後、夕方の影が地球をみるみる覆い始めると、今度は深い闇のなかに消えていった。

貨物室は明るく照らされているため、闇に星は見えなかった。

土井は最後の光が地球の端に吸い込まれるように消えたとき、宇宙空間から地球そのものが失われてしまったように感じた。

「そうすると非常に寂しくなる。振り返っても宇宙に見えるのは無限の闇だけです。そして、それは一種の畏怖、怖さを感じさせる闇なんです。地球が徐々に失われ、あとは暗黒の宇宙が永遠に広がっている。無限というものを直接、この目で見た、という感覚がありました」

彼が我に返ったようにミッションに意識を戻したのは、衛星を捉えるためにコロンビア号の姿勢が変わり始めたときだった。

黄金色に輝くスパルタン衛星は毎秒五センチほどの速さで、ゆっくりと自分の方へと近づいてきた。衛星はまるで上から紐でつり下げられているように見え、彼はその光景をとても不思議だと感じた。

いよいよ衛星が目の前まで来ると、彼はスコットとともにそれを手でつかみ、回転を止めて貨物室に降ろしてつなぎとめた。スパルタンの重さは約一・三トンあるが、つかんだときに一瞬の重さを感じただけで、姿勢を調整する際は慎重に扱わなければ思わぬ方向に飛んでいきそうなほどだった。それは無重力状態では当たり前のことではあったものの、それでも彼は何とも奇妙な気持ちを覚えたという。

あの感覚は、一体何だったんだろう

――土井さんは宇宙から帰還した後、感想を聞かれて「宇宙が私たちを呼んでいるように感じた」と語っています。それも船外活動時の体験と関係があるのでしょうか？

「ええ。自分が宇宙のなかに存在しているという不思議さと、地球のあたたかさが僕のなかにまずあった。自分の唯一の故郷である地球と、無限の宇宙を交互に見たときの、あの「何とも言いようのない感じ」。その感覚を言葉に置き換えるとしたら、人間とは地球だけの存在ではなく、その外の世界に広がっていく可能性を持つ存在だ、という表現が最も近い気がしたんです。

ただ、当時の僕には確かな解は得られなかった。以来、「あの感覚はいったい何だったのだろう」という思いを、僕はずっと持ち続けてきました。宇宙空間を見たときの畏怖と、一方での無限への憧れ。地球のあたたかさへの感動。それらがミックスされて混沌としている複雑な感情があった、ということですね。船外活動中に宇宙を見つめていたとき、自分が抱いた思いがいったい何であったのか。その意味で僕はこの二〇年間、その問いに対する答えを、ずっと考え続けてきたと言ってもいいのかもしれません」

最初の宇宙飛行を終えた一一年後の二〇〇八年、土井は再びミッションに参加し、ＩＳＳにモジュールの「きぼう」を取り付ける大役を担った。また、同じ年には油井、大西、金井の「新世代宇宙飛行士」三名の選抜試験の面接官も務めている。

その後も高校時代に思い描いた通り、彼は様々な形で「宇宙」というテーマに取り組んできた。二〇〇九年からは国連に勤務し、ヒューマン・スペーステクノロジー・イニシアティブと呼ばれる開発計画を作り上げた。

「有人宇宙活動はそれまで先進国がやっていただけなんだけれど、それだけでは足りない、と。やはり有人宇宙活動は世界の全ての人々が参加すべき活動であるから、発展途上国の人たちも参加できる枠組みを作りたかったんです」

「月社会」「火星社会」をつくるために

そんななか、二〇一七年に土井が京都大学で始めたのが、「有人宇宙学」という新しい学問分野を立ち上げる試みだった。土井はこの学問を「人類が宇宙に展開するための総合科学」と定義付けている。

――国連で仕事をした後、大学での研究の道に進んだのは何故なのでしょうか。

「人類が宇宙に行くようになって半世紀以上が経ち、地球やその環境に対する意識は大きく変わりました。例えば、最もわかりやすいのが気象に対する見方ですよね。地球全体を一度に見られるようになり、これまで地上から空を見上げるだけだった我々は、台風ができる様子をリアルタイムで観察したり、太平洋の東の端で起こっている現象の影響について分析したりと、地球規模で気象というものを考えられるようになったわけです。同じように政治や経済、人間のあらゆる活動を地球規模で捉えていこうとするとき、私が必要だと考えたのが「有人宇宙学」という分野でした」

――その「有人宇宙学」とはどのような学問なのでしょうか。

「近年、アメリカのトランプ大統領が、二〇二八年までを目標とした月面基地の建設を発表しました。こうした試みを俯瞰して見る上で、根本的に大事な視点があります。それは人間が恒久的に宇宙に展開していくためには、そこに社会を作らなければならないということでしょう。

イーロン・マスクやアマゾンのベゾスも火星や月に行くと言っていますが、五、六人が滞在するだけなら、それはただの基地に過ぎない。「月社会」や「火星社会」が生まれ、宇宙環境のなかに人間による社会ができて初めて、地球社会というものが宇宙に拡大され、地球文明が宇宙文明に変わることができる。

そうして月や火星の産物が地球に輸入されたり、宇宙空間で作られた電気エネルギーを地球に送れるようになったりすれば、そのとき人類は地球での活動だけではなく、月の活動、火星の活動も含めた全体で自分たちの生活を捉える視点を持つようになるはずです。宇宙開発によって僕らはいま、地球規模で環境を考えられるようになった。その視点をさらに拡大して、宇宙規模で考える世界がいつかはやってくるはずだと、僕は思うのです」

サバンナの霊長類

――有人宇宙学はそうした社会が作られる可能性を探る学問だ、と。

「はい。そのために宇宙で活躍する人材を教育し、宇宙における持続可能な社会基盤の構築に必要なものを探りたいんです。

例えば、私たち霊長類の祖先は五〇〇万年前、捕食獣から身を守ってくれる森に住んでいました。ところが、彼らは何故かそうした安全な世界から、何もないサバンナに降りてきたわけです。走るのも遅く、武器も持っていない彼らは、一人で生きていればすぐに食べられて死滅してしまったでしょう。彼らが生き延びられたのは何故か。それは社会を作ったからです。社会を作ったからこそ、人類は地球全体に広がることができた。

同じように人が宇宙に展開するためには社会を作らなければならない。ならば、我々は自給自足の社会基盤を宇宙に築けるのかどうか。その問いに対して、僕は「イエス」と答えられると考えています。その理由は地球があるからです。

地球というのは特別な世界ではありません。地球は宇宙のなかの一つの惑星ですから、似たような惑星もどこかには必ずあります。そうであれば人類は必ず生き延びることができる。では、僕らはいかに地球に近い環境を作れるか、どれくらい地球の環境を外れると、人類は社会を作れなくなるのか。そのように宇宙で社会を作るための条件を探るのが、有人宇宙学の目的です」

こう語ると、土井は「有人宇宙学」の定義を「人間―時間―宇宙」をつなぐ学問であると解説した。

これまでの学問は地球で生まれた人類が、地球上で生き残るために発展してきた。しかし、宇宙規模の視点を持つようになった自分たちは、次に宇宙で生きていくための総合的な学問を作り上げていく段階にきている、というのが土井の問題意識なのだった。

同じ「第一期」の宇宙飛行士では東京理科大の特任副学長である向井千秋が、ビジネスと社会実装を念頭に置いた産学連携の研究モデルを目指していることはすでに述べた。一方で、土井の「有人宇宙学」は極めて実際的な向井のそれとは異なり、宇宙と社会の関係のあり方そのものを考えるという壮大なものだといえる。

さて、そんな壮大なテーマを語るなかで、彼は「サバンナの霊長類」という例を出している。なぜここで彼がそのような話をしたかというと、大学という場で新たな学問分野の創出を次のテーマに選んだ理由の背景に、京大の霊長類研究所の所長だった松沢哲郎教授との出会いがあったからである。

「宇宙ユニット」のオフィスは松沢教授の部屋に隣接しており、彼と知遇を得た土井は霊長類研究の話を聞くようになった。そんななか、あるとき聞いた次のようなエピソードが頭から離れなかったと話す。

「約五〇〇万年前の霊長類はアフリカの森に住んでいた。そのなかで森の外、つまりサバンナの草原に降り立った祖先だけが、いまの人類になった——。僕はその話を聞いたとき、森にいた彼らが初めて見たサバンナの草原は、まさに無限の世界に見えたのではないか、と想像したんです」

「無限」への畏怖

そして、この認識に強く関係してくるのが、一九九七年の最初のミッションでのEVAでの体験だった。

「そのとき、地平線の広がる草原に降り立った人類の祖先に、僕は無限の宇宙を見た際の自分自身を重ねていました。彼らと僕はおそらく、同じような感情を抱いていたんじゃないか、と。霊長類の祖先がサバンナに降りたとき、森は僕らにとっての地球みたいなものだったはずです。ならば、彼らはサバンナの向こうに広がる地平線に、無限の世界を見たはずです」

土井は『モンキー』（二巻三号）という雑誌で〈松沢先生から聞いた「約五〇〇万年前アフリカの森に住んでいた霊長類の祖先のうち人間の祖先だけがサバンナに降りて、今の人間に進化したんだ」という話が頭から離れない〉と書き、次のように続けている。

サバンナに降りた最初の私たちの祖先は、森の外に広がるサバンナを見て何を思ったたろう。

何故、安全な森を離れてサバンナに一歩を踏み出したのだろう。いつか、私はサバンナに降りた最初の私たちの祖先になっていた。はるか遠くのサバンナの果てに何かきらめくものを見たのだ。おそるおそる森から出る一歩を踏み出す。でもやはり怖くなって引き返す。次の日は2歩だけ、その次の日は3歩だけ森から離れた。そしてサバンナを見渡して驚愕する。森の中では見たこともないほど、サバンナは無限に広がっていたのだ。その時の私たちの祖先が感じたのは、恐れであり、好奇心であり、歓喜ではなかったのか。

この時になって、私は初めて気がついた。私が宇宙の深淵を見て感じた感情は、きっと森から出た私たちの祖先が悠久の昔にサバンナのはるかかなたを見て感じた感情と同じであることを。

——それが考え続けてきた「謎」を解く鍵だと感じた？

「ええ。「ああ、そうか」と氷解したような思いでした。宇宙の深淵を見たときの、無限に広がる世界への喜びと畏怖がない交ぜになったあの混沌とした感情——それは進化の過程で人類が、すでに一度経験したことのあるものだったのかもしれないのですから」

人類は宇宙へ行くべきか？

人類は宇宙に行くべきか、それとも行くべきではないのか。二〇年前のＥＶＡ体験以来、土井はずっと自らにそう問い続けてきたと語る。

それはＥＶＡという体験によって、彼が人生に抱え込んだ大きな謎だった。そして、彼は「有人宇宙学」という新しい学問の創出に取り組むことでいま、その問いに対しての自分なりの答えを出そうとしているのである。

霊長類の祖先が森からサバンナに足を踏み出したとき、どのような感情を抱いたのかは分からない。だが、土井はそのように考えることによって、長いあいだ言葉にできなかった宇宙での体験を、自らの人生そのもののなかに位置づけたのだ。

本書で話を聞いた多くの宇宙飛行士たちの活動の舞台となったＩＳＳは、一九八四年にアメリカのレーガン大統領が建設を発表することで正式に始まった計画だった。

それから三〇年以上の歳月が流れ、世界の有人宇宙開発はドナルド・トランプによる月探査の大統領令、イーロン・マスクのスペースX社に代表される民間の宇宙開発の活発化など、新たな段階に入ろうとしている。

インタビューの時間が終わりに近づいた頃、土井はそうした宇宙開発をめぐる環境を踏まえた上で、日本の宇宙開発も今後、国家としてのビジョンを明確に持つべきだと話した。その言葉の端々には、日本における第一期の有人宇宙活動の一翼を担った彼の強い思いが感じられた。

また、三度目のミッションが決定している野口は、「宇宙開発が民間主導に切り替わっていく時代の転換点に、乗組員の立場でかかわれること」を非常に楽しみにしていると語り、同じく三度目のミッションに向けて準備を進める星出、「新世代宇宙飛行士」の三名も一様に月探査への思いを話している。

日本人による有人宇宙開発が始まってから約四半世紀、今後、彼らが築いてきた土台にどのような宇宙体験が加わっていくのか。土井の言葉を聞いていると、そのことが楽しみになってくる。

そして、そのとき日本人宇宙飛行士たちはどのような言葉を、私たちに伝えてくれるのだろうか。土井へのインタビューを終えたとき、私はいつか再び彼らに話を聞いてみたいという気持ちを強くしていた。

エピローグ

宇宙に4度行った男・若田光一かく語りき

米国の船外活動（EVA）中に撮影された「きぼう」日本実験棟（JEM）の全景
提供：JAXA/NASA

ＪＡＸＡの理事に就任

二〇一九年二月二八日、鉛色の空から強い雨が降っていたその日、私はＪＡＸＡの筑波宇宙センターに向かっていた。これまですでに何度も訪れてきたその場所で予定されていたのは、前年にＪＡＸＡの理事に就任した宇宙飛行士・若田光一の取材であった。

彼に話を聞くために用意されていた部屋は、筑波宇宙センターの広大な敷地に点在する建物の一つにある会議室だった。そこは二年ほど前、宇宙へ行く前の金井宣茂に話を聞いたのと同じ部屋で、壁には東京、ＮＡＳＡのあるヒューストン、ソユーズの発射基地のあるバイコヌールなどの現在の時刻を表示する丸い時計が並んでいた。

スーツ姿の若田光一が会議室に入ってきたのは、その時計が約束の時間を指したのとちょうど同じタイミングであった。

一九九二年に宇宙飛行士候補となった若田は、これまでに四度の宇宙飛行を体験してきた。一九九六年のスペースシャトル・エンデバー号でのミッションを振り出しに、二〇〇〇年にはディスカバリー号、二〇〇九年には国際宇宙ステーション（ＩＳＳ）

に日本人として初めて長期滞在し、「きぼう」の組み立てにかかわった。また、二〇一三年からの四度目のミッションでは、日本人初のコマンダーも務めた。一九六三年生まれの若田は取材時に五五歳、その宇宙滞在期間は計三四七日にものぼる。現在、最も長く宇宙に滞在した日本人である。

昨年、彼はＪＡＸＡの国際宇宙ステーションプログラムマネージャを担当し、同時に「きぼう」の機器開発や運用を管轄する有人宇宙技術センター長を務めていた。

「昨年に理事になってからは、さらに会議の数が多くなりましたね」

現在の仕事について聞くと、彼はそう言って爽やかに笑った。

「とにかく分刻みで会議があって、それに忙殺されているという感じでしてね。しかし、それらの会議における一つひとつの意思決定が、「きぼう」の利用成果創出の最大化に直結し、日本の次の国際宇宙探査、月やその先に行く際の立ち位置を決めていくための重要な決断だったり、国際調整だったりするわけです。宇宙飛行士の訓練とはまた違う難しさを感じる日々ですが、有人宇宙活動は私が情熱を注げる分野なので、どんなに忙しくて難しい仕事であっても日本のプレゼンスを高めるために頑張っています」

ＪＡＸＡの宇宙飛行士たちはメディア対応の訓練も受けているためか、一様に自信に満ちた雰囲気を身にまとっている。ただ、若田の醸し出す前向きなオーラは、これまで話を聞いた飛行士たちを凌駕するものがあった。自身の置かれた状況を熱っぽく語るその姿はおそらく天性のもので、宇宙開発に携わることへのほとばしるような思いが、言葉の端々から伝わってくる気がした。

宇宙で『宇宙からの帰還』を読む

この本の取材では、結果的に全ての日本人宇宙飛行士に会って話を聞くことができたが、若田は私にとってどうしても話を聞いてみたいと当初から考えていた一人だった。その理由は単純で、若田の著書『続ける力』に掲載されている写真の一枚に、ＩＳＳの室内で浮かぶ彼が『宇宙からの帰還』の文庫本を読んでいるものがあったからである。

私がこの本を書こうと考えた背景に、同作品があることはすでに述べた。それは私自身のかなり個人的な関心であったのは確かだが、その一方で『宇宙からの帰還』は、ここまで見てきた通り日本人宇宙飛行士たちが必ず読んでいるといってよい一冊であり、彼らの「宇宙体験」に大小様々な影響を与え続けてきた稀有な作品でもある。それだけに同書が日本人宇宙飛行士によって宇宙に持ち出され、宇宙船内で実際に読まれたという事実には興味を惹かれずにはいられなかった（野口聡一も同様に『宇宙からの帰還』を持ち込んだ一冊に挙げている）。

「いまは電子書籍がずっと一般的になりましたが、あの頃は持っていける本は五、六冊でした。あと持って行ったのはリチャード・バックの『かもめのジョナサン』と勝海舟の『氷川清話』などでしたね」

と、若田は懐かしそうに言った。

大学時代には航空機について研究し、もともとは日本航空のエンジニアだった彼が、『宇宙からの帰還』を読んだのは学生時代のことだ。子供の頃にアポロ計画の月着陸のシーンに憧れ、宇宙に興味を持った若田にとって、月面や月の軌道といった地球の低軌道を離れた宇宙飛行士たちへのインタビューは、心に強く残るものだった。

「月に降り立った宇宙飛行士の「神の手に触れた感じがした」といった言葉に触れて、「ああ、こんなふうに感じるのか」と。立花さんの本によって、宇宙体験が人間に与える影響の深さのようなものに対して、漠然とした興味を抱くようになりました」

彼にとって『宇宙からの帰還』の様々な記述——とりわけ宇宙飛行士の語る言葉のいくつかは、実際に自らが宇宙飛行士として宇宙に行った後も、心に引っかかったままであり続けたのだろう。

「確かにアポロで月に行った人はそう思ったかもしれない。一方で自分自身は宇宙に行っても、同じような気持ちになることはありませんでした。でも、それは何故なんだろう？　宗教の違いもあるでしょうし、月に行ったかどうかも当然、関係しているでしょう。また、私の時代はもはや人類の地球の低軌道利用が日常化してきていた、ということもあったかもしれない。いずれにせよ、学生のときにあの本を読んだ私は、同じ作品を宇宙で読んでみたらどんな印象を抱くのかに興味があったんです」

その問いに対する答えは明確には見つからなかったが、要するに若田はそのように『宇宙からの帰還』を傍らに置くことで、自らの宇宙体験の内的な「意味」を意識的に考えてみようとしたわけだ。

「その上で私にとっても一番のインパクトは、「いかに地球が愛しい存在なのか」という実感だったと言えると思います」

と、若田は話す。

「四度目のフライトで私は一八八日間、ＩＳＳに滞在しました。一八八日間というと、地球を三千周くらいするんですね。そうすると、地球は小さいと思うようになった。そして、そのように小さなかけがえのない故郷を守ることが、我々の大きな課題であることを実感として理解できるようになった。僕は地球を見ながら、つくづくこう思いました。我々は本当にラッキーだ。このような美しい水の惑星を故郷と呼べるということが、こうした環境をもらえたことが、どれほど小さな可能性であったか。それは宇宙に行って帰ってくることで、自分の最も変化した地球に対する愛おしさの感覚でした」

若田は四度の宇宙体験を経て、そのように小さくかけがえのない地球に生きる自分たちには、その環境を守る責任があるという確信を得たと続けた。

宇宙から見た「昼」と「夜」

例えば短期ミッションと異なり、三度目と四度目の長期ミッションでは、週末など余暇の時間もありじっくり地球を見る余裕があった。長く宇宙にいて素晴らしいのは、地球の季節の変化が分かることだった。

秋から冬、冬から春、春から夏。

南半球と北半球のどこに白い雪があるか、どの場所の水に氷が張り、緑が生い茂っているか。太陽の黒点活動の強弱によってオーロラの生じ方も変化する。それぞれのフライトごとに、若田の目に映る地球の表情は異なっていた。

「そして、とくに印象的なのは昼間と夜の違いです。昼間は台風であったり、砂漠に吹く強い風であったり、一周ごとに変わっている雲の様子であったりと、自然のダイナミズムを感じさせてくれる。海の色一つとっても、淡い水色から藍色まで地球の表情はあまりに多様で、見飽きることがないんです。それが夜になると、今度は都市の強烈な灯りが印象的に見える。オーロラや稲妻以外の地表の光は、人類の科学技術力が生み出したものです。それを見ていると、あたかも我々人類がこの地球を支配しているんだという感じを受けるし、どれだけ莫大なエネルギーを消費しているかが分かる。もし宇宙人が地球を夜に見たら、人間が一定の科学技術を有しているとすぐに察知できるでしょう。そんなふうに地球の環境に大きな影響を与え続けながら生きていることに対しての責任を感じたんです」

若田がそのように感じたのは、そのとき自分の滞在していた宇宙船そのものが、地球に似せて作られたものであることを深く理解していたからだ。

「多くの宇宙飛行士が言うように、宇宙船は小さな地球です。水を電気分解して酸素を取り出して呼吸に用い、副産物の水素と呼吸で発生する二酸化炭素からメタンと水を生成する。汗や尿もリサイクルして飲み水として再利用する。このような再生型の生命維持・環境制御技術を我々は獲得してきました。いまＩＳＳでは捨てているメタンにも水素が含まれているので、それを取り出して再利用する技術も必要になってきます」

若田はこう語ると、ＮＡＳＡで仕事をしていた際に出会った宇宙飛行士ジョン・ヤングの次のような言葉を紹介した。

「バックアップの住みかのない生命体は必ず滅びる」

二〇一八年一月五日に八七歳で亡くなったジョン・ヤングは、六度の宇宙飛行を行なった「雲の上の人」だった。アポロ16号やスペースシャトルの初フライトのミッションでは船長を務め、月面にも降り立って三度の船外活動を行なっている。

「その彼が言っていたのが、地球以外の生命維持拠点を作れるときに作っておくことの重要性でした。そもそも我々宇宙飛行士は、常にバックアップの必要性を意識しながら仕事をしています。コンピュータが壊れたら、もう一つの方を使って生き延びる。エアコンも複数あって、一つが壊れたら残りのシステムで乗り切る。そのように必ず冗長化の考え方を取る姿勢が、私たちには染み付いています。

しかし、この世界には飛行機の翼のように、絶対に壊れてはならない構造もある。それが地球です。この地球の環境を壊したら我々は死に絶えてしまう。ただ、よく考えればこの地球もまた、いつかは消えてなくなるわけです。では、そのための準備を人類はいつから始めるべきなのか。宇宙に行くことで得られる知見は、技術的なことだけではなく、そうしたフィロソフィカルな視点から、我々が人類の存続のためになすべきことは何なのか、という問いを生まざるを得ないはずです。

私はそのように人類が活動領域を広げることをコントロールするのは、ＡＩではなくやはり人間自身でありたい、と思っています。生身の人間が主導権を握って活動領域を広げることに意義を感じられなければ、我々は滅びるしかないという気がするからです」

宇宙から地球を見ていると、この惑星がなぜ宇宙船地球号と呼ばれるのかが分かる、と若田は他の飛行士たちと同じように続けた。宇宙船内ではエアコンや二酸化炭素除去装置が故障すれば、それがすぐさま深刻な状況をもたらすように、いつかそれと全く同じことが、この地球でも起こるかもしれないのだ、と。

「小さな宇宙船でそうしたリスクとともに暮らしていると、気候変動に対応し、地球環境をアクティブにコントロールして守る技術の確立こそが、科学技術を持つ生命体としての義務ではないか、と実感します。それは我々が種を存続させていくための危機管理であり、宇宙開発や宇宙飛行士の仕事の究極的な目的なのだと思うのです」

日本人宇宙飛行士として、初めての長期滞在ミッションを行なっていた二〇〇九年四月のことだ。詩人や宇宙飛行士、一般公募で寄せられた詩をつなぐ「宇宙連詩」というJAXA主宰のプロジェクトに、若田はISSで創作した一篇の詩を寄せている。最後に若田が宇宙飛行士としての思いを込めたその詩をここに記し、私はこの本を終えようと思う。

真闇に浮かび青く輝く水の惑星を眼前に
その私たちのふるさとに愛おしさを感じ
命を与えられた事を有難く思う

明日も青い空へ挑み未知なる宇宙を拓こう
そこに夢があるから

あとがき

本書における宇宙飛行士たちへのインタビューは、二〇一七年一〇月から二〇一九年八月までの約二年間をかけて行なった。日本と海外を頻繁に行き来するＪＡＸＡ所属の日本人宇宙飛行士はもちろん、次のキャリアを歩んでいる人たちも誰もが精力的に活動を続けていた。本を終えるにあたって、まずは時間を割いてインタビューに協力してくださった一二人の宇宙飛行士の方々に感謝したい。

本文でも書いた通り、インタビューをしながら刺激的だったのは、「低軌道から地球を見る」という同様の体験を語るその言葉が、一方でそれぞれに多様で個性に溢れていたことだ。

日本人が初めて宇宙に行ってからおよそ三〇年――これまでにたった一二人の日本人だけが宇宙空間へ飛び立ち、そこから青く輝く故郷としての地球を眺めた。そのときに見た光景や感じた思いを語る言葉には、立花隆著『宇宙からの帰還』の記述を再び借りれば、〈実体験した人のみがそれについて語りうるような〉何事かが確かに含まれていたのだろう。一つひとつの質問についてときに考え込み、丁寧に言葉を紡いでいく宇宙飛行士たちの「語ること」に対する真摯な姿に接していると、そこに「この体験は自分の言葉で表現しなければならない」という明確な意志が感じ取れるように思えた。

私が本書を書き終えた二〇一九年は、アポロ11号による人類初の月面着陸から五〇年目の節目にあたる。船長のニール・アームストロングとバズ・オルドリンが二時間半にわたる船外活動を行なってから半世紀が経ち、NASAは二〇二四年までに月面へ人を送りこむ「アルテミス」計画を発表している。

また、イーロン・マスクのスペースX社やジェフ・ベゾスのブルーオリジン社、さらにはボーイング社など民間企業による有人ロケット開発や月・火星探査の動きも活発化している。日本ではJAXAも米国が主導する月周回拠点「ゲートウェイ」参画に向けた準備を進めており、有人月着陸を目指す「アルテミス」計画への参加に向けた対話をNASAと開始した。また、NASAはISSについても民間企業への開放を認めていく方針だ。

そんななか、二〇二〇年には野口聡一、星出彰彦の二人がISSに長期滞在することになっている。野口は民間企業の開発した有人宇宙ロケットでの飛行、星出は若田光一に次ぐ二人目の日本人コマンダー（船長）としての参加が予定される。

　そのように人類の有人宇宙開発の歴史が一つの過渡期を迎えつつあるいま、この三〇年の間に宇宙へ行き、そして、帰ってきた日本人宇宙飛行士たちの体験を本書では描いたことになる。彼らの語った多様な宇宙体験のエピソードやそれぞれの抱いた思いが、次なる宇宙飛行士たちの体験へどのようにつながっていくのか。今後も注目していきたい。

　最後に、肥後尚之さんをはじめＪＡＸＡの方々には、本書の取材について様々なご協力をいただいた。そして、執筆の過程では文藝春秋の村井弦さん、担当編集者の山下覚さん、高市尚之さんにお世話になった。ここに記して感謝します。

二〇一九年一〇月　稲泉連

文庫版あとがき

本書は二〇一九年に刊行した『宇宙から帰ってきた日本人』（文藝春秋）を改題した一冊である。

その単行本版の刊行から三年が経つ間に、本書の主たる舞台となった国際宇宙ステーション（ＩＳＳ）には四人の日本人が滞在した。コマンダー（船長）として三度目のミッションに従事した星出彰彦、後にＪＡＸＡを退職して新たな道を歩き始めた野口聡一、五度目の宇宙飛行で初めて船外活動を行った若田光一、そして、民間人の実業家である前澤友作である。

ＪＡＸＡの飛行士である星出、野口、若田の三名にとって、それがこれまでの宇宙飛行と異なっていたのは、イーロン・マスクが創設したスペースＸの宇宙船「クルードラゴン」に乗船してＩＳＳへ向かったことだ。

例えば、星出はミッションの直前、私からの雑誌のインタビューで次のように語っていた。

「私が搭乗経験のあるスペースシャトルとソユーズには、覚えなければならない無数のスイッチと機能がありました。一方、クルードラゴンはほぼ全てが自動化されており、操作はタッチパネルです。まるでスマホのような船内で訓練していると、有人宇宙開発がまさに新しい時代に入ったことを実感しました」

　彼の言葉通り、この三年間で世界の宇宙開発における「次の時代」への移行は急速なペースで進められている。

　二〇二二年一一月、アメリカは月に人を送り込むことを目的とした「アルテミス計画」において、無人の宇宙船である「オリオン」を打ち上げた。オリオンは月を二十五周する試験飛行を行い、翌月に地球へ帰還。ＮＡＳＡはそのデータを解析した上で、次は実際に宇宙飛行士を乗せての試験飛行を予定している。

　日本でも民間のベンチャー企業ispaceによる月探査ロボットが、スペースＸのロケットによって送られた。「ＨＡＫＵＴＯ－Ｒ」と名付けられたミッションは、日本企業として初めて月へ着陸機を届けるというものだ。

　そんななか、ＪＡＸＡは実に一三年ぶりとなる宇宙飛行士公募試験を実施。二〇二三年二月末に外科医の米田あゆ、世界銀行勤務の諏訪理の二名が候補に選ばれた。今後、約二年間の訓練を受ける二人は、日本も協力する「アルテミス計画」の中で月や火星でのミッションを経験する世代となっていくはずだ。

今回の試験ではこれまで自然科学系に限っていた応募者の条件が広がり、文系にも宇宙飛行士になる門戸が開かれた。ＪＡＸＡは今後、約五年に一度は選抜試験を行うとしており、様々な背景を持つ宇宙飛行士が増えていくことで、宇宙や地球を語る彼らの「言葉」にも多様性が増していくに違いない。

さらには民間人の実業家としてＩＳＳに滞在した前澤友作は、スペースＸの開発する大型宇宙船「スターシップ」によって月まで行く計画も公表している。これらは日本でも宇宙旅行がいよいよ身近な存在になっていく「未来」を、象徴的に表す出来事の一つだった。

前述のインタビューで星出はこう続けた。

「時代によって、これまでも宇宙飛行士の役割は変わってきました。月でのミッションが始まれば、宇宙飛行士という仕事には、かつてのように再び探検家的な要素が強まっていきます。また、未知なる世界へ対応していく一方、ＩＳＳの飛行する地球低軌道は民間に門戸が開かれ、様々な立場の人たちが活用していくようにもなるでしょう。私たちの仕事には、そうした新しい時代の水先案内人としての役割もあるのだと思っています」

現在の宇宙開発の進展を見ていると、本書に描かれた一二人の宇宙飛行士の証言が、三年前とはまた少し違った意味を持ち始めていることを実感する。人類の宇宙開発が次なるステージに向かいつつあるいま、本書で語られる宇宙飛行士たちの言葉は、宇宙が「遠い存在」だった最後の時期の記録となったといえるだろう。

最後に、本書の文庫化にあたっては、筑摩書房の橋本陽介さんにお世話になった。ここに記して感謝したい。

二〇二三年三月

解説　感性を開拓する

伊藤亜紗

世俗化された宇宙体験

秋山豊寛が日本人初の宇宙飛行士として宇宙船ソユーズに乗り込んだのが一九九〇年。それから三十年以上の月日がたち、宇宙はかつてのような「はるか遠くの夢の場所」ではなくなった。すでに火星移住を前提にしたベンチャー企業がいくつも生まれているし、宇宙旅行を専門とする旅行会社も誕生、同時に各国は宇宙軍を創設している。三十年前に遠いあこがれだった夢の場所が、出張の行き先になり、人気の観光地になり、戦場になりうる時代に、私たちはもう片足をつっこんでいる。

この間、本書執筆時までに合計十二人の日本人が宇宙を訪れている。彼らはそこでいったい何を見、何を経験したのか。本作は、いわば「手あかがつく前の宇宙体験」について、実際に宇宙に行った宇宙飛行士たちの語りをもとにまとめた本だ。つまり、今しか出せない本。しかも自分だけの感覚を言葉にするという困難な語りを、十二人全員から引き出している。職場環境によっては分刻みでスケジュールが管理されている彼らの約束をとりつけ、限られた時間で深い話を聞くことは、並大抵の忍耐力では実現できないものだったろう。その意味でも唯一無二の、貴重な本だ。

そんな本書を二倍楽しむために、ぜひとなりに置いておいてほしい本がある。それは、日本人がまだ宇宙に行く前の一九八三年、立花隆が著した宇宙体験記の金字塔『宇宙からの帰還』である。立花の本を参照していることは、稲泉も本書の冒頭と末尾を含む随所で言及している。『帰還』は、本書の最大の参考文献にして究極の解説書である。あるいは本書を、『帰還』の三十六年ぶりの改訂版と位置づけるべきなのかもしれない。いずれにせよこの解説も、まずはこの二冊の本を引き比べることから始めてみよう。

共通点は明確だ。どちらも、宇宙に行ったことのない人間が、宇宙に行ったことのある人間にインタビューをし、その語りをもとに宇宙体験について記したノンフィクションである。インタビューを敢行した宇宙飛行士の人数は、どちらも十二人。そして何より「自分も宇宙体験をしたい」という強い思いが執筆の動機になっている。もっとも、「宇宙体験をしたい＝宇宙に行きたい」という単純な話ではないかもしれない。地上にいながら宇宙を追体験できるというノンフィクションの力を知っているのも彼らだからだ。

だが実際に読んでみると、二つの作品の印象はだいぶ異なっていることに気がつく。まず印象的なのは、『帰還』においては、宇宙体験が宗教的な意味合いを帯びて語られていることだ。立花が執拗にこだわるのは、宇宙に行くことが、「神の啓示」「意識の変容」といった言葉で語られるべき神秘的な経験である、ということだ。実際、当時の宇宙飛行士の中には、帰還後に伝道師になった者もいるという。

これに対し、本作においては、そうした宗教色は薄い。稲泉を通じて語られる宇宙体験は、「コーヒーを飲んでいる間に大西洋を渡ってしまう」（油井亀美也）という素直な驚きや、「地球に帰ってからも窓の外に行けるような気がした」（古川聡）といった身体感覚の変容、あるいは「地球の延長線上にある普通の場所」（金井宣茂）という新世代のドライな感想だ。ひとことで言えばそれは、神なき宇宙の経験、世俗化された宇宙体験である。五感によって世界をとらえ、身体をもち、生活がある人間の出来事として、宇宙が語られるのである。

もちろん、立花はアメリカ人に、稲泉は日本人にインタビューをしたという人種の違いは大きい。日本にも独特の死生観や自然観があり、ある程度共有されたスピリチュアルな感覚は存在する。しかし、それを信仰として自覚したり、人前で明示的に語ったりする習慣はあまりないからだ。

ただし、全てを人種的文化的背景に還元するのは正しくない。というのも、立花がインタビューしたのは、冷戦期に宇宙に行った宇宙飛行士だからである。当時、アメリカとソ連は莫大な費用をかけて競い合うようにロケットを飛ばしており、宇宙に行くことはそれ自体、国の威信と技術力を賭けた国家的なイベントとしての意味を持っていた。今とは時代が違うのだ。

アメリカにとってソ連との戦いは、そのままキリスト教と無神論コミュニズムとの戦いでもあった。本書で紹介されているとおり、「地球は青かった」で知られるソ連の宇宙飛行士ガガーリンは、「天には神はいなかった。周りをどれだけ見渡しても神は見当たらなかった」という挑発的な言葉も残している。この言葉に抗って、実際に「神の座」である天空にのぼり、神がそこにいることを示すこと。それもまたアメリカにとっては重要な宇宙飛行の目的だったのである。

実際、信仰心の篤さが宇宙飛行士の選抜に影響を与えていたという見方もある。立花によれば、アポロ7号に登場したウォルター・カニンガムは「アメリカの大衆は（そしてNASAも）、キリスト教の堅固な信仰をもっていない宇宙飛行士を空に打ち上げることにいい顔をしないだろう。何しろ、宇宙飛行士たちは天高く、いわば、神様のオフィスの近くにいくわけだから」と述べている。もっとも、実際には信仰心のない宇宙飛行士もいたようだ。しかし、それもなるべく公にならないように配慮されていたという。

加えて、宇宙経験そのものの違いもある。地球から約三八万キロ離れた月に行こうとしていたアポロ計画時代とは異なり、本書が扱う宇宙飛行は、地上わずか四百キロメートルの低軌道なら地球を周回する形である。月に行こうとすれば地球から遠ざからざるを得ないが、低軌道なら地球までの距離は変わらない。しかも地球はすぐそこ、窓いっぱいの大きさで見えている。「すぐにでも帰れる安心感」(大西卓哉)があるから、かつての「青いビー玉」のような幻想はいだきにくい。代わりに、夜になると地上の照明によって明確になる国境線や、風向きによって変わる砂漠の色合い、あるいは子育てを手伝えなくて申し訳ないという家庭の事情が、目に飛び込んでくるようになったのだ。

神との関係で人生の意味の変化を語る立花の宇宙体験から、宇宙と地球と自分のリアルを五感で感じ取る稲泉の宇宙体験へ。二作のあいだに、この三十年余りの、宇宙と人類の関係をめぐる、技術的、政治的、文化的意味合いの変化が詰まっている。まずはその隔たりを実感することが、本書を読む醍醐味だろう。

感性の歴史

だが宇宙の体験について語ることは、本質的に困難な営みだ。なぜなら、ほとんどの人がまだそこに行ったことがないのだから。卑近な例で恐縮だが、それはたとえば、ミョウガを食べたことのない外国人に、ミョウガの美味しさを言葉で説明するようなものだ。インタビューに応じた宇宙飛行士たちの苦労がしのばれる。

実際、本書に登場する宇宙飛行士たちの言葉は必ずしも雄弁ではない。「あの壊れやすさを感じさせるがゆえの美しさは、やはり言葉にはできないものであり続けています」（油井亀美也）。「見たことを表現したいのに使える言葉は限られてしまう」（野口聡一）。読んでいてもどこか寸止めされ続けているような感覚があるし、彼らのなかにもすっきり表現できないもどかしさがわだかまっているように見える。

詩人や小説家であれば、もう少しうまく宇宙体験を言葉にできるのではないか、という意見もある。確かに、エンジニアや医師として訓練を受けた理工系の彼らよりも、言葉をあやつることを生業とする人々であれば、もう少し楽に、表現することができたかもしれない。けれども、本質的な困難は変わらないだろう。人類の多くがまだ経験していないことを、どうやって言葉にするか。宇宙の経験について伝えるための道具を、人類はまだ作り途中なのだ。

思えば人間はこれまで、さまざまなフロンティアを開拓してきた。その功罪はあるとしても、新たなフロンティアに出会うたびに、人間はまだ誰も言語化したことのない感覚を味わってきた。フロンティア開拓の歴史は、そのまま感性の歴史でもある。

たとえばヨーロッパ大陸の中央にそびえるアルプス山脈。M・H・ニコルソンが『暗い山と栄光の山』で詳述しているとおり、一七世紀までのヨーロッパの人々にとって、山は自然の脅威に満ちた恐ろしい場所であり、わざわざ立ち入るような場所ではなかった。特にアルプスのように高い山々は、醜くてじゃまな突起物として忌み嫌われ、詩人たちも「地球の顔のイボ」とか「地球上のゴミを掃き寄せたかのよう」とか形容していたのである。

ところがイギリスの裕福な貴族の子弟がヨーロッパ大陸に旅行をする「グランドツアー」が流行するようになると、風向きが変わってくる。そもそもイギリスには高い山がない。そのような土地で育った人たちが、イタリアに行く道中で氷河をたたえた山岳地帯に立ち寄ると、その経験を「喜びをあたえる恐怖」「苦悩からの解放」といったこれまでとは違う言葉で語り始めるようになったのだ。その影響をうけて一八世紀になると山の風景を見に行く旅行が流行、一九世紀になるとフリードリッヒが『雲海の上の旅人』に描いたような「崇高」の感性が市民権を得るようになる。

技術がもたらしたフロンティアもある。たとえば二十世紀初頭における飛行機の登場。「空から地面を見下ろす」という視点はすでに気球が提供していたが、飛行機はそこにスピードを付け加えた。自動車も徐々に一般化してくる時代である。イタリアに生まれた未来派は、「咆哮する自動車はサモトラケのニケより美しい」と豪語し、それまでの人間が経験したことのなかった、機械がもたらすスピードと圧倒的な力を賛美した。機械とともに生まれた、新たな美。ただし、その感性が行き着くところとは、戦争の美だったのであるが。

宇宙との出会いも、人類にとっては間違いなく新たな感性の出会いとなるだろう。今後ますます多くの人が宇宙に行くようになるにつれ、人類の感性の歴史に、新たな一ページが書き加えられることになるはずだ。新たなページをめくる、その最初の力が、おそらく本書だ。

その意味で個人的に一番気になったのは、野口聡一の言葉である。彼は船外活動の折、つまり宇宙船の窓越しにではなく、ダイレクトに宇宙に浮かぶ地球を見た折に、地球が自分に何事かを語りかけているように感じたそうだ。そして、本来であれば地球の一部である自分が、それを外から見ていることを不思議に思ったという。「生死のせめぎあいの世界からどうして自分が外れているのかを体が納得していない」。体が納得していない、というのが宇宙らしいなと感じた。

私自身は、いまのところ積極的に宇宙に行きたいとは思っていない。たぶん、生きている自分の体を地球からもぎとって、宇宙空間に放つのが怖いのだ。でも、かつてアルプスに出会ったイギリスの人々が、自分の身をも脅かす自然の脅威に恐怖を感じつつその先に喜びを見つけたように、地球からもぎとられる恐怖の先にも、何らかの快感があるのかもしれない。野口の言葉はそのことを予感させる。宇宙飛行士の言葉を手がかりに、自分の感性の未開領野を開拓することもまた、本書を読む醍醐味だ。

(いとう・あさ　東京工業大学教授　美学)

本書は二〇一九年一一月に文藝春秋より刊行された『宇宙から帰ってきた日本人――日本人宇宙飛行士全12人の証言』を改題し、文庫化したものです。

年収90万円でハッピーライフ　大原扁理
世界一周をしたり、隠居生活をしたり。「フツー」に進学、就職してなくても毎日は楽しい。ハッピー思考術と、大原流の衣食住で楽になる。（小島慶子）

ぼくたちは習慣で、できている。増補版　佐々木典士
先延ばししてしまうのは意志が弱いせいじゃない。良い習慣を身につけ、悪い習慣をやめるステップを55に増補。世界累計部数20万突破。（ｐｈａ）

ぼくたちに、もうモノは必要ない。増補版　佐々木典士
23カ国語で翻訳。モノを手放せば、毎日の生活も人との関係も変わる。手放す方法最終リストを大幅増補し、80のルールに！（やまぐちせいこ）

はたらかないで、たらふく食べたい　増補版　栗原康
カネ、カネ、カネの世の中で、ムダで結構。無用で上等。爆笑しながら解放される痛快社会エッセイ。文庫化にあたり50頁分増補。（早助よう子）

半農半Xという生き方【決定版】　塩見直紀
農業をやりつつ好きなことをする「半農半X」を提唱した画期的な本。就職以外の生き方、転職、移住後の生き方として。帯文＝藻谷浩介（山崎亮）

減速して自由に生きる　髙坂勝
自分の時間もなく働く人生よりも自分の店を持ち人と交流したいと開店。具体的なコツと、独立した生き方。一章分加筆。帯文＝村上龍（山田玲司）

自作の小屋で暮らそう　高村友也
好きなだけ読書したり寝たりできる。誰にも文句を言われず、毎日生活ができる。そんな場所の作り方。推薦文＝髙坂勝（かとうちあき）

ナリワイをつくる　伊藤洋志
暮らしの中で需要を見つけ月3万円の仕事を作り、それを何本か持てば生活は成り立つ。ＤＩＹ・複業・お裾分けを駆使し仲間も増える。（鷲田清一）

現実脱出論　増補版　坂口恭平
「現実」それにはバイアスがかかっている。目の前の「現実」が変わって見える本。文庫化に際し一章分「現実創造論」を書き下ろした。（安藤礼二）

自分をいかして生きる　西村佳哲
「いい仕事」には、その人の存在まるごと入ってるんじゃないか。『自分の仕事をつくる』から6年、長い手紙のような思考の記録。（平川克美）

かかわり方のまなび方　西村佳哲
「仕事」の先には必ず人が居る。自分を人を十全に活かすこと。それが「いい仕事」につながる。その方策を探った働き方研究第三弾。（向谷地生良）

人生をいじくり回してはいけない　水木しげる
水木サンが見たこの世の地獄と天国。人生、自然の流れに身を委ね、のんびり暮らそうというエッセイ。推薦文＝外山滋比古、中川翔子（大泉実成）

「ひきこもり」救出マニュアル〈実践編〉　斎藤環
「ひきこもり」治療に詳しい著者が、具体的な疑問に答えた、本当に役に立つ処方箋。理論編に続く、実践編。参考文献、「文庫版　補足と解説」を付す。

ひきこもりはなぜ「治る」のか？　斎藤環
「ひきこもり」研究の第一人者の著者が、ラカン、コフート等の精神分析理論でひきこもる人の精神病理を読み解き、家族の対応法を解説する。（井出草平）

人は変われる　高橋和巳
人は大人になった後でこそ、自分を変えられる。多くの事例をあげ「運命を変えて、どう生きるか」を考察した名著、待望の文庫化。（中江有里）

消えたい　高橋和巳
自殺欲求を「消えたい」と表現する、親から虐待された人々。彼らの育ち方、その後の人生、苦しみを丁寧にたどり、人間の幸せの意味を考える。（橋本治）

家族を亡くしたあなたに　キャサリン・M・サンダーズ　白根美保子訳
家族や大切な人を失ったあとには深い悲しみが長く続く。悲しみのプロセスを理解し乗り越えるための、思いやりにあふれたアドバイス。（中下大樹）

加害者は変われるか？　信田さよ子
家庭という密室で、DVや虐待は起きる。「普通の人」がなぜ？　加害者を正面から見つめ分析し、再発を防ぐ考察につなげた、初めての本。（牟田和恵）

パーソナリティ障害がわかる本　岡田尊司
性格は変えられる。「パーソナリティ障害」を「個性」に変えるために、本人や周囲の人がどう対応し、どう工夫したらよいかがわかる。（山登敬之）

生きるかなしみ　山田太一編
人は誰でも心の底に、様々なかなしみを抱きながら生きている。「生きるかなしみ」と真摯に直面し、人生の幅と厚みを増した先人達の諸相を読む。

文房具56話 串田孫一

使う者の心をときめかせる文房具。どうすればこの小さな道具が創造力の源泉になりうるのか。文房具の想い出や新たな発見、工夫や悦びを語る。

おかしな男 渥美清 小林信彦

芝居や映画をよく観る勉強家の彼と喜劇マニアのぼく。映画「男はつらいよ」の〈寅さん〉になる前の若き日の渥美清の姿を愛情こめて綴った人物伝。（中野翠）

青春ドラマ夢伝説 岡田晋吉

『青春とはなんだ』『俺たちの旅』『あぶない刑事』……。テレビ史に残る名作ドラマを手掛けた敏腕TVプロデューサーが語る制作秘話。（鎌田敏夫）

万華鏡の女 女優ひし美ゆり子 ひし美ゆり子 樋口尚文

ウルトラセブンのアンヌ隊員を演じてから半世紀、いまも人気を誇る女優ひし美ゆり子。70年代には様々な映画にも出演した。女優活動の全貌を語る。

ゴジラ 香山滋

今も進化を続けるゴジラの原点。太古生命への讃仰、原水爆への怒りなどを込めた、原作者による小説・エッセイなどを集大成する。（竹内博）

赤線跡を歩く 木村聡

戦後まもなく特殊飲食店街として形成された赤線地帯。その後十余年、都市空間を彩ったその宝石のような建築物と街並みの今を記録した写真集。

おじさん酒場 増補新版 山田真由美文 なかむらるみ絵

いま行くべき居酒屋、ここにあり！ 居酒屋から始まる夜の冒険へ読者をご招待。さあ、読んで酒を飲もう。いい酒場に行こう。巻末の名店案内105も必見。

プロ野球新世紀末ブルース 中溝康隆

伝説の名勝負から球界の大事件まで愛と笑いの平成プロ野球コラム。TV、ゲームなど平成カルチャーとプロ野球の新章を増補し文庫化。（熊崎風斗）

禅ゴルフ Dr.ジョセフ・ペアレント 塩谷紘訳

今という瞬間だけを考えてショットに集中し、結果に関して自分を責めない。禅を通してゴルフの本質と心をコントロールする方法を学ぶ。

国マニア 吉田一郎

ハローキティ金貨を使える国があるってほんと⁉ 私たちのありきたりな常識を吹き飛ばしてくれる、世界のどこか変てこな国と地域が大集合。

旅の理不尽　宮田珠己

旅好きタマキングが、サラリーマン時代に休暇を使い果たして旅したアジア各地の脱力系体験記。鮮烈なデビュー作、待望の復刊！（蔵前仁一）

ふしぎ地名巡り　今尾恵介

古代・中世に誕生したものもある地名は「無形文化財」的でありながら、「日用品」でもある。異なる性格を同時に併せもつ独特な世界を紹介する。

はじめての暗渠散歩　本田創／髙山英男／吉村生／三土たつお

失われた川の痕跡を探して散歩すれば別の風景が現れる。橋の跡、コンクリ蓋、銭湯や豆腐店等水に関わる店。ロマン溢れる町歩き。帯文＝泉麻人

鉄道エッセイコレクション　芦原伸 編

本を携えて鉄道旅に出よう！　文豪、車掌、音楽家――、生粋の鉄道好き20人が愛を込めて書いた「鉄分100％」のエッセイ／短篇アンソロジー。

発声と身体のレッスン　鴻上尚史

あなた自身の「こえ」と「からだ」を自覚し、魅力的に向上させるための必要最低限のレッスンの数々。続ければ驚くべき変化が！（安田登）

B級グルメで世界一周　東海林さだお

読んで楽しむ世界の名物料理。キムチの辛さにうなり、小籠包の謎に挑み、チーズフォンデュを見直し、どこかで一滴の醤油味に焦がれる。（久住昌之）

中央線がなかったら 見えてくる東京の古層　陣内秀信／三浦展 編著

中央線がもしなかったら？　中野、高円寺、阿佐ヶ谷、国分寺……地形、水、古道、神社等に注目すれば東京の古代・中世が見えてくる！　対談を増補。

決定版 天ぷらにソースをかけますか？　野瀬泰申

食の常識をくつがえす、衝撃の一冊。天ぷらにソースをかけないのは、納豆に砂糖を入れないのは――あなただけかもしれない。（小宮山雄飛）

増補 頭脳勝負　渡辺明

棋士は対局中何を考え、休日は何をしている？　将棋の面白さ、プロ棋士としての生活、いま明かされるトップ棋士の頭の中！（大崎善生）

世界はフムフムで満ちている　金井真紀

街に出て、会って、話した！　海女、石工、コンビニ店長……。仕事の達人のノビノビ生きるコツを拾い集めた。楽しいイラスト満載。（金野典彦）

ライカでグッドバイ　青木冨貴子
ベトナム戦争の写真報道でピュリッツァー賞にかがやき、34歳で戦場に散った沢田教一の人生を描いたノンフィクションの名作。（開高健／角幡唯介）

英国セント・キルダ島で知った何も持たない生き方　井形慶子
イギリス通の著者が偶然知った世界遺産の島セント・キルダでの暮らしと社会を日本で初めて紹介。実在した島民の目を通じてその魅力を語る。

完全版　この地球（ほし）を受け継ぐ者へ　石川直樹
22歳で北極から南極までを人力踏破した記録。ほとばしり出る若い情熱を鋭い筆致で語るデビュー作、待望の復刊。カラー口絵ほか写真多数。（管啓次郎）

脱貧困の経済学　飯田泰之　雨宮処凛
格差と貧困が広がり閉塞感と無力感に覆われている日本。だが、経済学の発想を使えばまだ打つ手はある。追加対談も収録して、貧困問題を論じ尽くす。

それでも生きる　石井光太
途上国の子供が生きる世界は厳しい。貧困と飢餓、教育の不足、児童婚、労働、戦争――。世界中を歩き続けた著者と共に、国際協力の「現実」を学ぶ。

テレビは何を伝えてきたか　植村鞆音／大山勝美／澤田隆治
テレビをめぐる環境は一変した。草創期から番組作りに携わった「生き字引」の三人が、秘話をまじえて歴史をたどり、新時代へ向けて提言する。

東京骨灰紀行　小沢信男
両国、谷中、千住……アスファルトの下、累々と埋もれる無数の骨灰をめぐり、忘れられた江戸・東京の記憶を掘り起こす鎮魂行。（黒川創）

大正時代の身の上相談　カタログハウス編
他人の悩みはいつの世も蜜の味。大正時代の新聞紙上で129人が相談した、あきれた悩み、深刻な悩みが時代を映し出す。（小谷野敦）

聞書き　遊廓成駒屋　神崎宣武
名古屋中村遊廓跡で出くわした建物取壊し。そこから著者の遊廓をめぐる探訪が始まる。女たちの隠された歴史が問いかけるものとは。（井上理津子）

へろへろ　鹿子裕文
最期まで自分らしく生きる。そんな場がないのなら、自分たちで作ろう。知恵と笑顔で困難を乗り越え、新しい老人介護施設を作った人々の話。（田尻久子）

トキワ荘の時代　梶井純

手塚治虫、赤塚不二夫、石ノ森章太郎らが住んだトキワ荘アパート。その中心にいた寺田ヒロオの人生を通して戦後マンガの青春像を描く。（吉備能人）

アイヌの世界に生きる　茅辺かのう

アイヌの養母に育てられた開拓農民の子が大切に覚えてきた、言葉、暮らし。明治末から昭和の時代をアイヌの人々と生き抜いてきた軌跡。（本田優子）

消えた赤線放浪記　木村聡

「赤線」の第一人者が全国各地に残る赤線・遊郭跡を訪ね、色町の「今」とそこに集まる女性たちを取材した貴重な記録。文庫版書き下ろし収録。

無敵のハンディキャップ　北島行徳

同情の拍手などいらない！　リング上で自らをさらけ出し、世間のド肝を抜いた障害者プロレス団体「ドッグレッグス」、涙と笑いの快進撃。（齋藤陽道）

「社会を変える」を仕事にする　駒崎弘樹

元ITベンチャー経営者が東京の下町で始めた「病児保育サービス」が全国に拡大。「地域を変える」が「世の中を変える」につながった。

ドキュメント　ブラック企業　今野晴貴・ブラック企業被害対策弁護団

違法労働で若者を使い潰す、ブラック企業。その「手口」は何か？　闘うための「武器」はあるのか？　さまざまなケースからその実態を暴く！

カルト資本主義　増補版　斎藤貴男

「超能力」「永久機関」、オカルトに投資する企業。この深層現象を徹底取材したノンフィクションの傑作。2章分を書きおろした。（武田砂鉄）

決定版　消費税のカラクリ　斎藤貴男

さらなる消費税増税が迫っている。私たちは騙されているのだ。弱者の富を強者に移転することで格差を拡大する消費税のカラクリを暴く。（本間龍）

沖縄と私と娼婦　佐木隆三

アメリカ統治下の沖縄。ベトナム戦争が激化するなか、米兵相手に生きる風俗街の女たちの姿をヒリヒリと肌を刺す筆致で描いた傑作ルポ。（藤井誠二）

初代　竹内洋岳に聞く　塩野米松

日本人初、八千メートル峰14座完全登頂を達成した竹内洋岳。生い立ちから12座目ローツェの登頂に成功するまでを描き、その魅力ある人間性に迫る。

決定版 切り裂きジャック 仁賀克雄

19世紀末のロンドンを恐怖に陥れた切り裂きジャック。日本随一の研究家が、あらゆる角度からジャック事件の真相に迫る決定版。（菊地秀行）

半農半Xという生き方【決定版】 塩見直紀

農業をやりつつ好きなことをする「半農半X」を提唱した画期的な本。就職以外の生き方、転職、移住後の生き方として。帯文＝藻谷浩介（山崎亮）

増補版 ドキュメント 死刑囚 篠田博之

幼女連続殺害事件の宮﨑勤、奈良女児殺害事件の小林薫、附属池田小事件の宅間守、土浦無差別殺傷事件の金川真大……モンスターたちの素顔にせまる。

武士の娘 杉本鉞子　大岩美代訳

明治維新期に越後の家に生れ、厳格なしつけと礼儀作法を身につけた少女が開化期の息吹にふれて渡米、近代的女性となるまでの傑作自伝。

素敵なダイナマイトスキャンダル 末井昭

実母のダイナマイト心中を体験した末井少年が、革命的野心を抱きながら上京、キャバレー勤務を経て伝説のエロ本創刊に到る仰天記。（花村萬月）

民間軍事会社の内幕 菅原出

戦争の「民間委託」はどうなっているのか。イラク戦争以降、急速に進んだ新ビジネスの実態を、各企業や米軍関係者への取材をもとに描く。

戦争と新聞 鈴木健二

明治の台湾出兵から太平洋戦争、湾岸戦争まで、新聞は戦争をどう伝えたか。多くの実例から、報道が孕む矛盾と果たすべき役割を考察。（佐藤卓己）

書店風雲録 田口久美子

ベストセラーのように思想書を積み、書店界に旋風を起こした「池袋リブロ」と支持した時代の状況を現場からリアルに描き出す。（坪内祐三）

増補 書店不屈宣言 田口久美子

長年、書店の現場に立ち続けてきた著者によるリアル書店レポート。困難な状況の中、現場で働く書店員は何を考え、どう働いているのか。大幅改訂版。

田中清玄自伝 田中清玄　大須賀瑞夫

戦前は武装共産党の指導者、戦後は国際石油戦争に関わるなど、激動の昭和を侍の末裔として多彩な人脈を操りながら駆け抜けた男の「夢と真実」。

憲法が変わっても戦争にならない？　高橋哲哉／斎藤貴男 編著

リストの編者をはじめ、憲法学者・木下智史、映画監督・井筒和幸等が最新状況を元に加筆。

レントゲン、CT検査 医療被ばくのリスク　高木学校 編著

日本では健康診断や検査での医療被曝が多い。エコーなど被曝しない検査方法もある。不必要な被曝を避けるための必読書。寄稿＝山田真（小児科医）

週刊誌風雲録　高橋呉郎

昭和中頃、部数争いにしのぎを削った編集者・トップ屋たちの群像。週刊誌が一番熱かった時代を貴重な証言とゴシップたっぷりで描く。（中田建夫）

白い孤影 ヨコハマメリー　檀原照和

白の異装で港町に立ち続けた娼婦。老いるまで、そのスタイルを貫いた意味とは？ 20年を超す取材をもとにメリーさん伝説の裏側に迫る！（都築響一）

責任 ラバウルの将軍今村均　角田房子

ラバウルの軍司令官・今村均。軍部内の複雑な関係、戦地、そして戦犯としての服役。戦争の時代を生きた人間の苦悩を描き出す。（保阪正康）

一死、大罪を謝す 陸軍大臣阿南惟幾　角田房子

日本敗戦の八月一五日、自決を遂げた時の陸軍大臣。本土決戦を叫ぶ陸軍をまとめ、戦争終結に至るまでの息詰まるドラマと、軍人の姿を描く。（澤地久枝）

自分の仕事をつくる　西村佳哲

仕事をすることは会社に勤めること、ではない。仕事を「自分の仕事」にできた人たちに学ぶ、働き方のデザインの仕方とは。（稲本喜則）

自分をいかして生きる　西村佳哲

「いい仕事」には、その人の存在まるごと入ってるんじゃないか。『自分の仕事をつくる』から6年、長い手紙のような思考の記録。（平川克美）

ひとの居場所をつくる　西村佳哲

これからの暮らしと仕事を、ただの我慢比べでなく、文化を生み出すものにするには？ 人と人、人と社会、人と自然の、関係性のデザイン考。（寺尾紗穂）

難民高校生　仁藤夢乃

DV被害、リストカット、自殺未遂を繰り返す仲間たちとともに、渋谷で毎日を過ごしていた著者が居場所を取り戻すまで。大幅に追記。（小島慶子）

蔣介石を救った帝国軍人　野嶋剛

宿敵同士がなぜ手を結んだか。膨大な蔣介石日記、生存者の証言と台湾軍上層部の肉声を集めた。敗戦国軍人の思い、蔣介石の真意とは。（保阪正康）

荷風さんの戦後　半藤一利

戦後日本という時代に背を向けながらも、自身の生活を記録し続けた永井荷風。その孤高の姿を愛情溢れる筆致で描く傑作評伝。（川本三郎）

戦う石橋湛山　半藤一利

日本が戦争へと傾斜していく昭和前期に、ひとり敢然と軍部を批判し続けたジャーナリスト石橋湛山。壮烈な言論戦を大新聞との対比で描いた傑作。

ふしぎな社会　橋爪大三郎

第一人者が納得した言葉だけを集めて磨きあげた社会学の手引き書。人間の真実をぐいぐい開き、若い読者に贈る小さな（しかし最高の）入門書です。

ザ・フィフティーズ1（全3巻）　デイヴィッド・ハルバースタム　峯村利哉訳

50年代アメリカでの出来事と価値転換が現代世界を作った。政治、産業から文化、性までを光と影の両面で論じる。巻末対談は越智道雄×町山智浩。

ザ・フィフティーズ2　デイヴィッド・ハルバースタム　峯村利哉訳

FBIやCIAの暗躍。エルヴィスとディーンの登場。そして公民権をめぐる黒人の闘いなどが描かれる第二巻。巻末対談は越智道雄×町山智浩。

ザ・フィフティーズ3　デイヴィッド・ハルバースタム　峯村利哉訳

マリリン・モンローからスプートニク、U－2撃墜事件まで。時代は動き、いよいよ60年代の革命が近づいてくる。巻末対談は越智道雄×町山智浩。

グレート・インフルエンザ（上）　ジョン・バリー　平澤正夫訳

世界的な流行をみせた「スペイン風邪」の発祥地は、じつは、アメリカのカンザスだった。科学者たちの苦闘を追う、迫真のノンフィクション。

グレート・インフルエンザ（下）　ジョン・バリー　平澤正夫訳

「スペイン風邪」のパンデミックは、人類に何を教訓として残したのか？ 英語圏で長く読み継がれる医療ノンフィクションの傑作、待望の文庫化！

ちろりん村顚末記　広岡敬一

トルコ風呂と呼ばれていた特殊浴場を描く伝説のノンフィクション。働く男女の素顔と人生、営業システム、[illegible]貴重な記録。（本橋信宏）

消えゆく横丁　藤木TDC・文　イシワタフミアキ・写真

昭和と平成の激動の時代を背景に全国各地から消えていった、あるいは消えつつある横丁の生と死を、貴重写真とともに綴った渾身の記録。

誘拐　本田靖春

戦後最大の誘拐事件。残された被害者家族の絶望、犯人を生んだ貧困、刑事達の執念を描くノンフィクションの金字塔！（佐野眞一）

疵　本田靖春

戦後の渋谷を制覇したインテリヤクザ安藤組の大幹部、力道山よりも喧嘩が強いといわれた男……。伝説に彩られた男の実像を追う。（野村進）

東條英機と天皇の時代　保阪正康

日本の現代史上、避けて通ることのできない存在である東條英機。軍人から戦争指導者へ、そして極東裁判に至る生涯を通して、昭和期日本の実像に迫る。

三島由紀夫と楯の会事件　保阪正康

社会に衝撃を与えた1970年の三島由紀夫割腹事件はなぜ起きたのか？　憲法、天皇、自衛隊を論じたあの時代と楯の会の軌跡を追う。（鈴木邦男）

戦場体験者　保阪正康

終戦から70年が過ぎ、戦地を体験した人々が少なくなる中、戦場の記録と記憶をどう受け継ぎ歴史に刻んでゆくのか。力作ノンフィクション。（清水潔）

五・一五事件　保阪正康

農村指導者・橘孝三郎はなぜ、軍人と共に五・一五事件に参加したのか。事件後、民衆は彼らの減刑を願った。昭和の歴史の教訓とは。（長山靖生）

大本営発表という虚構　保阪正康

太平洋戦争中、戦局の悪化とともに情報操作が激しくなる。それを主導した大本営発表の実態を解明する。歴史の教訓に学ぶための一冊。（望月衣塑子）

ぐろぐろ　松沢呉一

不快とは、下品とは、タブーとは。非常識って何だ。公序良俗を叫び他人の自由を奪う偽善者どもに〝闘うエロライター〟が鉄槌を下す。

続・反社会学講座　パオロ・マッツァリーノ

あの「反社会学」が不埒にパワーアップ。お約束と権威主義に凝り固まった学者たちを笑い飛ばし、庶民に愛と勇気を与えてくれる待望の続編。

ちくま文庫

日本人宇宙飛行士（にほんじんうちゅうひこうし）

二〇二三年四月十日　第一刷発行

著　者　稲泉連（いなずみ・れん）
発行者　喜入冬子
発行所　株式会社　筑摩書房
東京都台東区蔵前二—五—三　〒一一一—八七五五
電話番号　〇三—五六八七—二六〇一（代表）
装幀者　安野光雅
印刷所　中央精版印刷株式会社
製本所　中央精版印刷株式会社

ISBN978-4-480-43874-4 C0195